50500 标准全攻略

齐海水　秦　涛　卢　朝　主　编

中国建设科技出版社有限责任公司
China Construction Science and Technology Press Co., Ltd.
北　京

图书在版编目（CIP）数据

50500 标准全攻略/齐海水，秦涛，卢朝主编.
北京：中国建设科技出版社有限责任公司，2025.4
ISBN 978-7-5160-4474-2

Ⅰ.TU723.32-65

中国国家版本馆 CIP 数据核字第 202513QE76 号

内 容 简 介

2024 年 11 月 26 日住房城乡建设部发布国家标准《建设工程工程量清单计价标准》（GB/T 50500—2024），该标准自 2025 年 9 月 1 日起实施。原国家标准《建设工程工程量清单计价规范》（GB 50500—2013）同时废止。本书针对标准修订前后的变化进行逐条逐款解读，旨在为造价从业人员提供一本简单易懂的实用性图书。

50500 标准全攻略
50500 BIAOZHUN QUANGONGLÜE
齐海水 秦 涛 卢 朝 主 编

| 出版发行：中国建设科技出版社有限责任公司 |
| 地　　址：北京市西城区白纸坊东街 2 号院 6 号楼 |
| 邮　　编：100054 |
| 经　　销：全国各地新华书店 |
| 印　　刷：北京雁林吉兆印刷有限公司 |
| 开　　本：787mm×1092mm　1/16 |
| 印　　张：6 |
| 字　　数：110 千字 |
| 版　　次：2025 年 4 月第 1 版 |
| 印　　次：2025 年 4 月第 1 次 |
| 定　　价：68.00 元 |

本社网址：www.jskjcbs.com，微信公众号：zgjskjcbs
请选用正版图书，采购、销售盗版图书属违法行为
版权专有，盗版必究。本社法律顾问：北京天驰君泰律师事务所，张杰律师
举报信箱：zhangjie@tiantailaw.com　举报电话：(010) 63567684
本书如有印装质量问题，由我社事业发展中心负责调换，联系电话：(010) 63567692

本书编委会

主　　　编：齐海水　秦　涛　卢　朝
副　主　编：刘建中　孙力华　昝　葵
参　　　编：（按姓氏笔画排序）
　　　　　　王永花　王　庚　王　爽　王　敏　韦　良
　　　　　　牛海欣　卢海鹏　刘　敏　刘佳杰　闫荣军
　　　　　　乔　薇　李旭东　李　钊　李利新　李　娜
　　　　　　豆倩星　宋晓然　宋兆赫　张　敏　陈　悦
　　　　　　范伟强　罗冬花　胡　洁　聂天华　徐　辉
　　　　　　郭立兵　黄晓改　戚　洋　崔晓朋　鲁　赫
　　　　　　魏东敏
组织编写单位：河北省建设工程造价管理协会
　　　　　　　邢台市建设工程造价服务中心
参编编写单位：河北艺纬格工程项目管理有限公司
　　　　　　　河北天睿项目管理有限公司
　　　　　　　河北冀星项目管理有限公司
　　　　　　　河北冀振项目管理有限公司

前　言

2024年11月26日，中华人民共和国住房和城乡建设部发布第212号公告，批准《建设工程工程量清单计价标准》为国家标准，编号为GB/T 50500—2024（以下简称"24标准""本标准"），自2025年9月1日起实施。原国家标准《建设工程工程量清单计价规范》（GB 50500—2013）（以下简称"13规范"）同时废止。

"24标准"在"13规范"的基础上，经广泛市场调查研究，认真总结实践经验，参考国家有关政策及标准和国内外先进做法并在广泛征求意见的基础上，编制"24标准"。

为了帮助造价行业从业人员深入理解和掌握"24标准"，抓住关键环节，合理确定投资，有效控制造价，更好地规范工程项目管理，有效防控计价风险，确保实施效果，深入推行"清单计量、市场询价、自主报价、竞争定价"工程计价方式，编制组编写了本书，对《建设工程工程量清单计价标准》（GB/T 50500—2024）进行解析，旨在助力维护建筑市场秩序，规范建设工程发承包双方的计价行为，促进工程造价领域转型升级，推动工程造价管理提质增效，为推进建筑业高质量发展发挥重要作用。

编　者
2025年3月

目 录

第一部分　修编概况 ··· 1
　1　修编背景 ··· 1
　2　修编原则 ··· 1
　3　主要变化 ··· 2

第二部分　条文解析 ··· 4
　1　总则 ··· 4
　2　术语 ··· 6
　3　基本规定 ··· 16
　4　工程量清单编制 ··· 28
　5　最高投标限价编制 ··· 31
　6　投标报价编制 ··· 34
　7　合同工程计量 ··· 38
　8　合同价款调整 ··· 43
　9　合同价款期中支付 ··· 60
　10　工程结算与支付 ··· 68
　11　合同价款争议的解决 ··· 79
　12　工程计价成果与档案管理 ··· 84

第一部分　修编概况

"24标准"主要内容包括：总则、术语、基本规定、工程量清单编制、最高投标限价编制、投标报价编制、合同工程计量、合同价款调整、合同价款期中支付、工程结算与支付、合同价款争议的解决、工程计价成果与档案管理。与"13规范"对比，"24标准"由16章调整为12章，100节调整为85节，378条调整为467条。

1　修编背景

随着建设市场的快速发展，"13规范"已难以满足新形势下建设工程的需求。为适应我国建设工程造价改革，深入推进工程造价"放管服"，满足市场发展的需要，按照住房城乡建设部办公厅《关于印发2018年工程造价计价依据编制计划和工程造价管理工作计划的通知》（建办标函〔2018〕35号）要求，于2018年3月启动修编，由广东省建设工程标准定额站牵头，联合15个部门或企业共同为起草单位组成编制组。编制组响应国家关于工程造价改革工作方案精神，明确清单改革重点，确立以完善工程造价市场形成机制为目的，对建设工程工程量清单计价标准进行全面修订。2021年11月形成第一次征求意见稿，经过专家多次讨论、修改、完善，2023年11月形成第二次征求意见稿，经过再次修改完善后形成正式稿，2024年11月26日正式发布。"24标准"旨在适应市场变化，完善工程造价市场形成机制，有效提高工程造价管理水平。

2　修编原则

1. 法治原则：法定优先，有约从约，合理分配职责与风险，体现法治理念。

2. 市场定价原则:以市场为导向,充分发挥市场决定价格机制,推动通过市场竞争形成价格。

3. 权责对等原则:压实计价主体责任,构建全过程造价管理业态。

3 主要变化

3.1 性质变化

"24标准"对比"13规范",从名称上,由"规范"修改为"标准";从效力上,由强制性标准(GB)修改为推荐性标准(GB/T)。

3.2 章节变化

《建设工程工程量清单计价规范》(GB 50500—2013)			《建设工程工程量清单计价标准》(GB/T 50500—2024)		
章	节数量	条文数量	章	节数量	条文数量
1 总则	1	7	1 总则	1	7
2 术语	1	52	2 术语	1	35
3 一般规定	4	19	3 基本规定	8	59
4 工程量清单编制	6	19	4 工程量清单编制	2	15
5 招标控制价	3	21	5 最高投标限价编制	3	16
6 投标报价	2	13	6 投标报价编制	2	24
7 合同价款约定	2	5	取消,合并至第3章	0	0
8 工程计量	3	15	7 合同工程计量	7	31
9 合同价款调整	15	58	8 合同价款调整	11	85
10 合同价款期中支付	3	24	9 合同价款期中支付	4	38
11 竣工结算与支付	6	35	10 工程结算与支付	5	52
12 合同解除的价款结算与支付	1	4			
13 合同价款争议的解决	5	19	11 合同价款争议的解决	4	32
14 工程造价鉴定	3	19	删除章	0	0
15 工程计价资料与档案	2	13	12 工程计价成果与档案管理	3	18
16 工程计价表格	1	6	附录	0	0

续表

《建设工程工程量清单计价规范》 (GB 50500—2013)			《建设工程工程量清单计价标准》 (GB/T 50500—2024)		
章	节数量	条文数量	章	节数量	条文数量
附录A 物价变化合同价格调整方法	2	9	附录A 物价变化合同价格调整方法	2	11
附录B~附录L	40	40	附录B~附录G	32	44
合计	100	378	合计	85	467

3.3 主要内容变化

1. 完善总价合同的术语及其计量计价规则，优化交易定价方式。

2. 消除定额对清单计价的约束，激发企业竞争活力。

3. 取消单价措施项目（原部分单价措施项目归分部分项），措施费用细分组成、分拆报价。

4. 调整综合单价组成，从市场形成价格的角度出发，明确税前全费用综合单价的组成，体现价格的完整性，减少争议。

5. 发包人提供的材料不计入综合单价，并要求明确材料有效损耗率。

6. 合理分配风险，减少合同争议。

7. 修改变更定价规则。

8. 完善索赔规则。

9. 增加投标报价的澄清说明、施工过程结算相关规则，强化全过程造价管控。

10. 删除工程签证条款，增加返工工程、新增工程计量与计价规则。

11. 修订价款争议解决的办法。

12. 删除合同价款约定章节、工程造价鉴定章节。

"24标准"明确响应国家"构建高水平社会主义市场经济体制"的要求，旨在减少政府对价格的干预，推动工程造价由市场供求关系决定，激发企业活力。

第二部分 条文解析

1 总 则

本章共 7 条，与 "13 规范" 相比，条文数量未变动。

1.0.1 为规范建设工程计价规则和方法，完善工程造价市场形成机制，推动工程造价管理高质量发展，根据《中华人民共和国民法典》《中华人民共和国建筑法》《中华人民共和国招标投标法》《中华人民共和国价格法》等法律法规，制定本标准。

本条阐述了制定本标准的目的及法律依据。

与 "13 规范" 1.0.1 条相比，"工程造价计价行为" 修改为 "工程计价规则和方法"。"《中华人民共和国合同法》" 修改为 "《中华人民共和国民法典》"，新增《中华人民共和国价格法》，"规范" 修改为 "标准"。

1.0.2 本标准适用于建设工程施工发承包及实施阶段的计价活动。其他的计价活动可参照应用。

本条明确了本标准适用于建设工程施工发承包的招投标、施工、竣工、合同价款争议解决、工程保修结清等与工程计价相关的活动。

与 "13 规范" 1.0.2 条相比，"建设工程发承包" 修改为 "建设工程施工发承包"，新增了 "其他的计价活动可参照应用"，强调了适用范围。

1.0.3 建设工程的计价活动应遵循客观公正、平等自愿、诚实守信、法定优先、有约从约的原则。

本条明确了计价活动应在法律规定的前提下，按照合同约定执行。

"13 规范" 的 1.0.3 条调整到 "24 标准" 中的 3.1.2 条中并进行详细描述。本条对应 "13 规范" 的 1.0.6 条 "应遵循客观、公正、公平的原则"，增加了 "法定优先，有约从约的原则"。由于工程造价不属于政府定价目录范畴，整个定价过程属于民事活动，必须遵循《中华人民共和国民法典》基本原则：平等、自愿、公平、诚信，不得违反法律，不得违背公序良俗。

1.0.4 工程造价咨询人出具的工程量清单、最高投标限价、投标报价、工程计量、合同价款调整和期中支付、工程结算与支付等工程造价成果文件，应由造价专业人员编制，由一级注册造价工程师审核签字并加盖执业专用章。

本条规定了在工程造价计价活动中，依据《注册造价工程师管理办法》，明确了审核人"由一级注册造价工程师审核签字并加盖执业专用章"。

与"13规范"1.0.4条相比，"13规范"要求"招标工程量清单、招标控制价、投标报价、工程计量、合同价款调整、合同价款结算与支付以及工程造价鉴定等工程造价文件的编制与核对，应由具有专业资格的工程造价人员承担。"本条对编制和审核人进行了更加明确的规定。

1.0.5 发承包双方中的任一方，应对出具的工程造价成果文件的质量向另一方负责。接受委托的承担工程造价文件编制与核对的工程造价咨询人及其从业人员，应对其工程造价成果文件的质量向委托方负责。发承包双方中的任一方应就其委托并确认的工程造价咨询人编制与核对的工程造价成果文件的质量，向另一方负责。

本条规定了发承包双方及工程造价咨询人在计价活动中的主体责任。

与"13规范"1.0.5条相比，"13规范"中规定"承担工程造价文件的编制与核对的工程造价人员及其所在单位，应对工程造价文件的质量负责"，未明确发承包双方对出具工程造价成果文件质量的责任。"24标准"增加了发承包双方应对出具工程造价成果文件质量相互负责。

1.0.6 工程造价咨询人不得就同一工程既接受招标人委托编制工程量清单、最高投标限价，又接受投标人委托编制投标报价，或同时接受两个及以上投标人的委托编制投标报价；也不得就同一工程既接受承包人的委托进行工程结算编制，又接受发包人的委托进行工程结算核对、审计等工作。工程造价咨询人接受委托进行工程结算编制、核对、审计等工作，不得再接受委托进行同一工程的工程造价鉴定工作。

本条规定了工程造价咨询人在计价活动中应遵循的行为准则。

与"13规范"5.1.3条相比，本条增加了计价活动中需要回避的其他情况。依据《中华人民共和国招标投标法实施条例》及《注册造价工程师管理办法》，遵循"利益冲突回避"原则，从而维护市场客观、公正、健康发展。

1.0.7 建设工程施工发承包及实施阶段的计价活动，除应符合本标准规定外，尚应符合国家现行有关标准的规定。

本条明确了施工发承包及实施阶段计价活动的依据。

与"13规范"1.0.7条相比，将"规范"修改为"标准"，将"建设工程"修改为"建设工程施工"。

2 术　语

"24标准"共35条，"13规范"共52条，本次修编删除术语31条，增加术语14条，修订术语16条，改变术语名称5条。具体变化如下：

1. 删除术语31条：招标工程量清单、已标价工程量清单、项目编码、风险费用、工程成本、工程造价信息、工程造价指数、工程量偏差、暂估价、安全文明施工费、现场签证、不可抗力、工程设备、缺陷责任期、质量保证金、费用、利润、企业定额、规费、税金、发包人、承包人、造价工程师、造价员、工程计量、签约合同价（合同价款）、预付款、进度款、合同价款调整、竣工结算价、工程造价鉴定。

2. 增加术语14条：工程量清单缺陷、安全生产措施费、费率计价、合同清单、材料暂估价、专业工程暂估价、合同基准日、合同图纸、合同规范、合同单价、施工深化设计、损失和（或）直接费用、新增工程、施工过程结算。

3. 修订术语16条：工程量清单、分部分项工程、措施项目、项目特征、综合单价、单价合同、总价合同、成本加酬金合同、工程变更、暂列金额、计日工、总承包服务费、误期赔偿费、工程造价咨询人、工程结算、投标价。

4. 改变术语名称5条："索赔"修改为"工程索赔"、"提前竣工（赶工）费"修改为"赶工费"、"单价项目"修改为"单价计价"、"总价项目"修改为"总价计价"、"招标控制价"修改为"最高投标限价"。

2.0.1 工程量清单

建设工程文件中载明项目编码、项目名称、项目特征、计量单位、工程数量等的明细清单。

本条明确了工程量清单的组成内容。工程量清单是建设工程进行计价的专用名词，在"13规范"中此条的基础上做了文字上的适当调整，使其定义更为准确。

与"13规范"2.0.1条相比，本条不再强调"分部分项工程项目、措施项目、其他项目"等项目类别，更突出"项目名称、项目特征、计量单位、工程数量"等核心要素。

2.0.2 分部分项工程

分部分项工程是分部工程、分项工程的总称。分部工程是单位工程的组成部分，是按施工部位、路段长度、施工特点或施工任务、材料类别等将单位工程划分的若干个项目单元；分项工程是分部工程的组成部分，是按不同施工方法、工序、材料、工种等将分部工程划分的若干个项目单元。其发生的费用为分部分项工程费。

本条明确了分部分项工程的组成要素。

"13规范"2.0.4条中关于分部分项工程解释为"分部工程是单项或单位工程的组成部分，是按结构部位、路段长度及施工特点或施工任务将单项或单位工程划分为若干分部的工程；分项工程是分部工程的组成部分，是按不同施工方法、材料、工序及路段长度等将分部工程划分为若干个分项或项目的工程。"

与"13规范"相比，"分部工程是单项或单位工程的组成部分"修改为"分部工程是单位工程的组成部分"，分部工程的项目单元由"结构部位"修改为"施工部位"，增加了"材料类别"，分项工程的项目单元由"路段长度"修改为"工种"，增加了"其发生的费用为分部分项工程费"。将"分部工程划分为若干分部的工程，分项工程划分为若干个分项或项目的工程"统一修改为"划分为若干个项目单元"。与"13规范"相比，用词更为精准。

2.0.3 措施项目

为完成工程项目施工，发生于施工准备和施工及验收过程中的技术、生活、安全生产、环境保护等方面的项目。其发生的费用为措施项目费。

措施项目与"13规范"定义基本一致。

与"13规范"2.0.5条相比，增加了"验收过程"，将"安全"修改为

"安全生产"，涵盖了全过程非实体的措施费用，更加贴合实际。

2.0.4 安全生产措施费

承包人按照国家、行业及地方主管部门等有关安全生产的要求进行及完成工程所发生的保证施工生产安全所采用的措施而发生的费用。

"13规范"中安全文明施工费包含临时设施、安全生产、文明施工、环境保护，本次修编将安全生产措施费单独列项，更突出国家对安全生产的重视。

与"13规范"相比，本条为新增术语。

2.0.5 项目特征

载明构成工程量清单项目自身的本质及要求，用于说明设计图纸、技术标准规范及招标文件所要求完成的清单项目的文字性描述。

本条更加准确地规范工程量清单计价中对分部分项工程项目、措施项目特征描述的要求，能全面准确地反映综合单价，明确完工交付要求。

与"13规范"2.0.7条相比，新增项目特征的用途，增加"用于说明设计图纸、技术标准规范及招标文件所要求完成的清单项目的文字性描述"。

2.0.6 单价合同

发承包双方约定以工程量清单、项目特征及其综合单价进行合同价款计算、调整和确认的建设工程施工合同。单价合同在约定的范围内合同单价不做调整。

单价合同与"13规范"定义基本一致，但特别说明"单价合同在约定范围内合同单价不做调整"。

与"13规范"2.0.11条相比，新增"项目特征"作为确定单价合同的条件；新增"单价合同在约定范围内合同单价不做调整"，即合同清单的综合单价在合同约定的项目特征未发生变化、工程数量未超过合同约定范围时，综合单价固定不变。

2.0.7 总价合同

发承包双方约定以合同图纸、合同规范进行合同价款计算、调整和确认的建设工程施工合同。总价合同在约定的范围内合同总价不做调整。

本条明确了总价合同是以合同图纸、合同规范所要求的工程确定合同总价。

与"13规范"2.0.12条相比,"13规范"以施工图及其预算和有关条件确定合同总价,而本条回归到总价合同本质,以"合同图纸"进行合同价款的约定。在本条约定的范围内合同总价不做调整,只有当工程施工图纸和有关条件发生变化时,发承包双方才能根据变化情况和合同约定调整工程价款。

2.0.8 成本加酬金合同

发承包双方约定以规定的计量、计价依据所确定的工程成本并加按约定方式计算的酬金进行合同价款计算、调整和确认的建设工程施工合同。

本条明确了成本加酬金的计算方法。

与"13规范"2.0.13条相比,进一步明确了以"规定的计量、计价依据"确定工程成本,更利于发承包双方结算时按约定确定工程合同价款,体现了有约从约的原则。

2.0.9 综合单价

综合考虑技术标准规范、施工工期、施工顺序、施工条件、地理气候等影响因素以及约定范围与幅度内的风险,完成一个单位数量工程量清单项目所需的费用。清单项目综合单价包括人工费、材料费、施工机具使用费、管理费、利润和一定范围内的风险费用,不包括增值税。

本条明确了综合单价包括的风险和综合单价的组成。

与"13规范"2.0.8条相比,新增风险范围影响因素:"综合考虑技术标准规范、施工工期、施工顺序、施工条件、地理气候等影响因素以及约定范围与幅度内的风险,完成一个单位数量工程量清单项目所需的费用",强调综合单价"不包括增值税"。

2.0.10 单价计价

工程量清单中以工程数量乘以综合单价进行价款计算的计价方式。

本条明确了分部分项工程量清单项目、计日工项目宜采用单价计价方式。

与"13规范"相比,本条为新增术语。

2.0.11 总价计价

工程量清单中以项为单位采用总价进行价款计算的计价方式。

本条明确了措施项目清单宜采用总价计价或费率计价方式,暂列金额、专用暂估价项目宜采用总价计价方式，总承包服务费宜采用费率计价或总价计价方式。

与"13规范"相比，本条为新增术语。

2.0.12 费率计价

工程量清单中以计费基础乘以相应费率进行价款计算的计价方式。

本条明确了措施项目清单宜采用总价计价或费率计价方式，总承包服务费宜采用费率计价或总价计价方式。

与"13规范"相比，本条为新增术语。

2.0.13 暂列金额

发包人在工程量清单中暂定并包括在合同总价中，用于招标时尚未能确定或详细说明的工程、服务和工程实施中可能发生的合同价款调整等所预留的费用。

本条主要用于合同价款调整的费用、未确定工程和服务的费用。若最终结算未使用或有剩余，剩余价款仍归发包人所有，应从合同总价中扣除。

与"13规范"2.0.18条相比，时间节点由"工程合同签订时"变更为"招标时"。

2.0.14 材料暂估价

发包人在工程量清单中提供的，用于支付设计图纸要求必需使用的材料，但在招标时暂不能确定其标准、规格、价格而在工程量清单中预估到达施工现场的不含增值税的材料价格。

本条明确了材料暂估价不含增值税。

本条为新增术语，将"13规范"中2.0.19条的"暂估价"拆分为"材料暂估价"和"专业工程暂估价"，"材料暂估价"的材料包括工程设备。

2.0.15 专业工程暂估价

发包人在工程量清单中提供的，在招标时暂不能确定工程具体要求及价格而预估的含增值税的专业工程费用。

本条是指工程范围内发包人或设计图纸要求在施工过程中必然发生的，因为设计、标准不明确或者需要由专业承包人完成，在招标时无法确定具体价格时，发包人采用的一种暂定价格形式。

本条为新增术语，将"13规范"中2.0.19条的"暂估价"拆分为"材料暂估价"和"专业工程暂估价",其中"专业工程暂估价"包含增值税。

专业工程大多需要招投标,公告时一般要求含增值税,因此,为了保证其一致性,专业工程暂估价含增值税。专业工程暂估价的对象是专业工程,但不包括发包人直接予以发包的专业工程。

2.0.16 计日工

承包人完成发包人提出的零星项目或工作,但不宜按合同约定的计量与计价规则进行计价,而应依据经发包人确认的实际消耗人工工日、材料数量、施工机具台班等,按合同约定的单价计价的一种方式。

本条明确了计日工概念,增加发包人应确认实际消耗的人材机,承包人方可计价。

与"13规范"2.0.20条相比,"13规范""计日工是承包人完成发包人提出的工程合同范围以外的零星项目或工作"。本条对此范围修改为"承包人完成发包人提出的零星项目或工作,但不宜按合同约定的计量与计价规则进行计价"。

2.0.17 总承包服务费

按合同约定,承包人对发包人提供材料履行保管及其配套服务所需的费用;和(或)承包人对合同范围的专业分包工程(承包人实施的除外)提供配合、协调、施工现场管理、已有临时设施使用、竣工资料汇总整理等服务所需的费用;以及(或)承包人对非合同范围的发包人直接发包的专业工程履行协调及配合责任所需的费用。总承包服务的相关管理、协调及配合责任等应在招标文件及合同中详细说明。

本条明确了"对发包人提供材料履行保管及其配套服务"的费用情形。

与"13规范"2.0.21条相比,增加了"已有临时设施使用"等说明,要求"总承包服务的相关管理等应在招标文件及合同中详细说明"。承包人自行分包的专业工程和劳务工程不应计算总承包服务费。

2.0.18 合同清单

承包人在投标时所填报并获得发包人接纳的已标明投标总价、合价及其综合单价,以及投标报价澄清或说明修正价格的已标价工程量清单,用以说明承包人所报合同总价的详细构成及综合单价分析,包括其说明和表格。

本条强调合同清单为"投标时所填报并获得发包人接纳的已标明投标总

价、合价及其综合单价"及"澄清或说明修正价格的已标价工程量清单"。

与"13规范"相比,本条为新增术语。

2.0.19 最高投标限价

招标人根据国家法律法规及相关标准、建设主管部门的有关规定,以及拟定的招标文件和招标工程量清单,并结合工程实际情况,按照本标准规定编制的,限定投标人投标报价的最高价格。

本条规范了最高投标限价的名称。

与"13规范"2.0.45条相比,由"招标控制价"修改为"最高投标限价",将"根据国家或省级、行业建设主管部门颁发的有关计价依据和办法"修改为"根据国家法律法规及相关标准、建设主管部门的有关规定"。

2.0.20 投标价

投标人投标时响应招标工程设计文件及技术标准规范、招标工程量清单、招标文件的合同条款等要求,在投标文件中的投标总价及已标价工程量清单中标明的合价及其综合单价等价格。

本条阐明的"投标价"是指投标人依据招标文件及技术标准规范等条件,结合工程特点、施工方法等因素,依据有关计价规定自主报出反映企业自身生产力水平的竞争性价格。

与"13规范"2.0.46条相比,将"投标时响应招标文件要求"修改为"投标时响应招标工程设计文件及技术标准规范、招标工程量清单、招标文件的合同条款等要求",明确了综合单价为投标价的组成部分。

2.0.21 合同基准日

承包人在投标期内确定投标总价、工程量清单综合单价及其合价等价格的日期,该日期应作为执行物价变化价款调整、法律法规及政策性变化价款调整的价格基准日。如招标文件（非招标工程为询价文件）及合同未约定,招标工程的合同基准日为投标截止日前28天,非招标工程的合同基准日为合同签订日前28天。

本条明确了除合同另有约定外,招标工程的合同基准日为投标文件递交截止日期前28天,非招标工程的合同基准日为合同签订日的前28天,以此作为调整合同价款的基准日期。

与"13规范"相比,本条为新增术语。

2.0.22 合同图纸

发承包双方约定作为合同文件的组成部分，表达合同价款的工程范围及品质要求所依据的设计文件。包括招标文件提供的设计文件和招标人在招标过程中发出的有关设计文件的补充、澄清或修改文件。

本条明确了合同图纸作为合同文件的组成部分，标明了工程范围及品质要求，包括招标文件提供的设计文件以及招标过程中发出的设计文件的补充、澄清或修改文件。

与"13规范"相比，本条为新增术语。

2.0.23 合同规范

发承包双方约定作为合同文件的组成部分，说明合同工程的材料标准或要求、工程技术标准、施工验收标准等的技术要求文件。包括招标文件规定的技术标准规范、招标人在招标过程中发出的有关技术标准规范的补充、澄清或修改文件。

本条明确了"合同规范"是发承包双方在合同中约定，说明合同工程的技术要求文件。其还包括招标文件规定的技术标准规范及有关技术标准的补充、澄清或修改文件。

与"13规范"相比，本条为新增术语。

2.0.24 合同单价

承包人在已标价工程量清单内所报的综合单价，以及承包人投标报价澄清或说明中获得发包人接纳的修正综合单价。

本条明确了"合同单价"指发包人签订合同时接受的综合单价或修正综合单价。

与"13规范"相比，本条为新增术语。

2.0.25 施工深化设计

承包人中标后在不改变合同图纸、合同规范所要求的工程范围、使用功能、技术标准规范等前提下，依据合同约定由承包人负责对合同图纸进行细化、补充和完善的设计活动。

本条明确了"施工深化设计"指承包人在中标后按合同约定对应由承包人负责完成图纸深化设计的工程进行的细化、补充和完善合同图纸的设计。

与"13规范"相比，本条为新增术语。

2.0.26 工程造价咨询人

依法开展建设工程造价咨询工作，具备提供工程造价咨询服务能力，具有法人资格，能独立承担民事责任的企业及其合法继承人。

根据《国务院关于深化"证照分离"改革进一步激发市场主体发展活力的通知》（国发〔2021〕7号）、《住房和城乡建设部办公厅关于取消工程造价咨询企业资质审批 加强事中事后监管的通知》（建办标〔2021〕26号）文件要求，2021年全面取消工程造价咨询企业资质认定。

与"13规范"2.0.38条相比，本条不再涉及"取得工程造价咨询资质等级要求"，新增"具备提供工程造价咨询服务能力，具有法人资格，能独立承担民事责任的企业及其合法继承人"的要求。

2.0.27 工程量清单缺陷

工程量清单的分部分项工程项目清单中所列的清单项目与对应的合同图纸及合同规范所要求的清单项目在列项、项目特征、工程数量上存在的差异。包括工程量清单多列项、错漏项、项目特征不符、工程数量偏差及其他同类。

本条明确了工程量清单缺陷的具体内容。

与"13规范"相比，本条为新增术语。

2.0.28 工程变更

经发包人批准的对合同工程工作内容、合同图纸、合同规范、位置与尺寸、施工顺序与时间、施工条件、合同条款或其他特征等的改变。包括对合同工程的增加、减少、取消、替代和使用材料等的改变。

"工程变更"指按发包人要求或经发包人同意的，对合同图纸、合同规范要求及合同清单等做出的改变或修改。

与"13规范"2.0.16条相比，定义基本一致。

2.0.29 损失和（或）直接费用

损失指由于工程变更及发包人原因对承包人造成的、不能从合同约定的合同价款调整中获得恢复的原预期收益；直接费用指由于工程变更及发包人原因对承包人直接造成的、为了完成同样结果的工程所发生的增加费用。

本条阐明的"损失"是指由于工程变更及发包人原因对承包人造成的不能获得的原预期收益；直接费用是指由于工程变更及发包人原因造成的，承包人为完成原结果所增加的费用。

与"13规范"相比，本条为新增术语。

2.0.30 新增工程

发包人要求并获得承包人接受的、不属于合同约定工程范围及（或）其完工交付要求范围的实体工程。

本条明确了新增工程是不属于合同约定工程范围的永久工程，承包人可接受也可不接受。

与"13规范"相比，本条为新增术语。

2.0.31 工程索赔

当事人一方因非己方的原因造成经济损失、费用增加或工期延误（或延长），按合同约定或法律法规规定，应由对方承担赔偿或补偿义务，而向对方提出经济损失赔偿或补偿和（或）工期调整及其他的要求。

本条明确了工程索赔分为经济补偿与工期调整。

与"13规范"2.0.23条相比，细化了工程索赔的定义。

2.0.32 赶工费

在工程实施过程中，承包人应发包人的要求而采取加快工程进度措施，使合同工期或分期竣工工程的合同工期（包括经发包人批准的延长工期）缩短，由此产生的应由发包人额外支付给承包人的费用。

赶工费是指当发包方要求的工期少于合理工期，或者工程项目由于自然、地质以及外部环境等影响导致工期延误，承包方为满足发包方的工期要求，通过采取相应的技术及组织措施所发生的，应由发包方负担的费用。

与"13规范"2.0.25条相比，"提前竣工（赶工）费"修改为"赶工费"；新增"分期竣工工程的合同工期（包括经发包人批准的延长工期）"所产生的费用。

2.0.33 误期赔偿费

承包人未按照合同工程的计划进度施工，引起实际工期超出合同工期或分期竣工工程的合同工期（包括经发包人批准的延长工期），承包人按合同约定应向发包人赔偿损失的费用。对合同约定采取分期竣工和移交的工程，误期赔偿费是指根据相关工程的工期延误时间按合同约定计算的相关赔偿费用。

误期赔偿费是工程项目合同中的一个重要条款，有助于确保工程按照预定的时间计划进行，对承包人未能按时完成工程的情况向发包人赔偿损失的费用。

与"13规范"2.0.26条相比，增加了"对合同约定采取分期竣工和移交的工程，误期赔偿费是指根据相关工程的工期延误时间按合同约定计算的相关赔偿费用"。

2.0.34 施工过程结算

发承包双方根据有关法律法规规定和合同约定，在施工过程结算节点上对已完工程进行合同价款的计算、调整、确认和支付的活动。

依据财政部、住房城乡建设部《关于完善建设工程价款结算有关办法的通知》（财建〔2022〕183号）规定，对过程中已完工程的确认，要避免因过程资料缺失、管理人员变动、工程变更不及时等情况引起工程结算耗时长、价款支付拖沓等问题。

与"13规范"相比，本条为新增术语。

2.0.35 工程结算

发承包双方根据有关法律法规规定和合同约定，对合同工程实施中、解除时、竣工后的工程项目进行合同价款计算、调整、确认和支付的活动，包括施工过程结算、合同解除结算、竣工结算及工程保修结清。

工程结算可分为施工过程结算、解除结算和竣工结算。解除结算是合同不再履行而进行的结算。

与"13规范"2.0.44条相比，新增"工程保修结清"，将"期中结算"修改为"施工过程结算"，将"终止结算"修改为"合同解除结算"。

3 基本规定

本章"13规范"为4节19条，"24标准"修改为8节59条。

本章从"清单计量、市场询价、自主报价、竞争定价"的原则出发，结合近年来建设工程计价相关法律法规和政策文件，围绕符合市场交易习惯的技术标准和落实营商环境进行调整。

本章主要内容有以下几点：

1. 规定了本标准的适用范围，明确政府或国有资金投资的建设工程施工发承包应采用清单计价；同时充分体现了本标准的适用性，当采用其他清单形式时也可适用。

2. 完善工程量清单市场定价规则，以适应市场交易习惯为编制原则；以完工交付要求下的必要任务与费用为目的，明确了工程量清单的组成及清单综合单价费用构成为税前（不含增值税）全费用单价，明确了单价计价、总价计价、费率计价三种计价方式及适用清单，并结合单价合同及总价合同的特点调整合同选择与责任划分原则。

3. 本着发承包双方合理约定、合理分摊、有效防范工程风险的目的，细化合同模式与风险承担原则。

4. 调整发包人提供材料计价规则：不计入综合单价，也不计入投标总价。

5. 本章新增投标报价澄清或者说明章节，明确了投标价格澄清及修正原则、修正后价格的作用等。

6. 引导新技术［建筑信息模型（BIM）］在工程计量计价中的应用，新增"3.8 建筑信息模型应用"小节。

3.1 一般规定

3.1.1 条明确了使用财政资金或国有资金投资的建设工程应采用工程量清单计价；非使用财政资金或国有投资的建设工程，宜采用工程量清单计价。

本条将"13规范"中"3.1.1 使用国有投资的建设工程发承包，必须采用工程量清单计价"与"3.1.2 非国有资金投资的建设工程，宜采用工程量清单计价"合并为一条，增加"使用财政资金"。使用国有资金投资的建设工程由"必须"修改为"应"。

3.1.2 条明确了工程量清单的编制及计价的组成。采用其他清单形式进行计价时，也应执行本标准适用的规则。对于专门性的规定，发承包双方在参照本标准的基础上，另行明确相关规则。

与"13规范"相比，本条为新增内容。"24标准"的工程量清单包括分部分项工程项目清单、措施项目清单、其他项目清单、增值税。其中有两个比较大的调整，内容如下：

1. 工程量清单组成中取消了"规费"，原"规费"由工程排污费、社会保险费、住房公积金组成，其中规费中的"工程排污费"自 2018 年 1 月 1 日起，在全国范围内统一停征。依据《住房城乡建设部关于加强和改善工程造价监管的意见》（建标〔2017〕209 号），生产工人的社会保障费和住房公积金包含在直接费的人工费中，管理人员的社会保障费和住房公积金包含在企业管理费中。

2. 本标准中的税金按"增值税"计算。根据《财政部 国家税务总局关于全面推开营业税改征增值税试点的通知》（财税〔2016〕36 号）："自 2016 年 5 月 1 日起，在全国范围内全面推开营业税改征增值税试点，建筑业、房地产业、金融业、生活服务业等全部营业税纳税人，纳入试点范围，由缴纳营业税修改为缴纳增值税"的规定进行调整。

3.1.3 条明确了工程量清单的清单项目编制要求，应遵守本标准的编制原则，如因工程设计或施工需求可对工程量清单进行补充完善等，但应在招标文件和合同文件中予以说明。

与"13 规范"相比，本条为新增内容。

3.1.4 条明确了清单项目编制的一般方法和规则及应当遵循清单项目列项明确、边界清晰、便于计价和支付的原则。

与"13 规范"相比，本条为新增内容。

3.1.5 条明确了清单项目价款可采用单价计价、总价计价方式。采用其他计价方式时需要在招标文件和合同文件中明确说明，以确保合同双方对计价方式的理解一致，并为后续的价款调整提供规则和依据，避免误解和纠纷。

与"13 规范"相比，本条为新增内容。

3.1.6 条明确了工程量清单的综合单价及其合价，按项计价项目的价格均应为（增值）税前的全费用价格，其相应税金应反映在增值税中，而非包含在综合单价及其价款、按项计价项目的价款内。其他项目清单中的专业工程暂估价包含增值税的价格。

与"13 规范"相比，本条为新增内容。

3.1.7 条明确了各清单项目综合单价及按项计价项目价格的费用构成计算方法。综合单价分析表能够清晰地反映工程各部分的造价构成，便于投资控制和成本管理。当合同履行过程中发生工程量清单缺陷或工程变更时，便于对合同清单的价格进行调整，并促进工程造价数据的形成与积累。

与"13规范"相比，本条为新增内容。

3.1.8 条基于单价合同与总价合同所需考虑的价格范围和定价特点，结合不同清单类型的定价依据，明确了分部分项工程工程项目清单与措施项目清单的准确性和完整性的责任划分。

与"13规范"相比，本条为新增内容。

3.2 清单计价

3.2.1 条明确了单价计价应按工程数量乘以相应的综合单价计算，总价计价应以项为单位计算其清单项目价格。分部分项工程项目清单计价宜采用单价计价，措施项目清单计价宜采用总价计价。

与"13规范"相比，本条为新增内容。

3.2.2 分部分项工程项目清单的综合单价应为不含增值税的材料采购供应及相关安装单价，包括完成相应清单项目受下列因素影响而发生的费用，如发包人提供材料的应按本标准第3.2.4条的规定执行：

1. 满足国家及行业有关技术标准规范等要求所需的费用。
2. 总价合同中出现工程量清单缺陷所需的费用。
3. 完成符合完工交付要求的相应清单项目必要的施工任务及其不可或缺的辅助工作所需的费用。
4. 因施工程序、施工条件、环境气候等因素影响所引起的费用。
5. 合同约定及本标准第3.3节规定的范围与幅度内的风险费用。

本条明确了分部分项工程项目清单综合单价应考虑相应合理的风险费用。

与"13规范"相比，本条为新增内容。

3.2.3 条明确了材料暂估价应按招标工程量清单提供的材料暂估价计取，材料暂估价为税前价格。

与"13规范"相比，本条为新增内容。

3.2.4 条明确了发包人提供材料，承包人负责与不负责安装的两种情形：
（1）发包人提供材料由承包人安装的，综合单价包括施工安装相关费用，以及发包人列明损耗率之外的损耗费用,发包人提供材料不计入综合单价。综合单价之外,还可以在其他项目中计取总承包服务费。(2)由发包人提供材料承包人不安装(材料供应商安装)的,工程量清单不列项,仅在其他项目中计取总承包服务费。

与"13规范"相比,本条为新增内容。

3.2.5 条明确了措施项目中安全生产措施费应按国家及省级、行业主管部门的相关规定计价。

与"13规范"相比,本条为新增内容。

3.2.6 条措施项目清单计价时应统筹考虑履行合同的责任和义务、全面完成合同工程所发生的全部措施项目费用。

与"13规范"相比,本条为新增内容。

3.2.7 条明确了其他项目清单中专业工程暂估价、暂列金额、总承包服务费、计日工的计价方式。

与"13规范"相比,本条为新增内容。

3.2.8 条明确了暂列金额、专业工程暂估价应按招标工程量清单提供的相应金额填报投标价。

与"13规范"相比,本条为新增内容。

3.2.9 条阐明了总承包服务费的组成内容包括总承包人对发包人提供材料的供货人、专业工程暂估价的专业分包人(承包人实施的除外)和发包人直接发包的专业工程分包人履行管理、协调及配合责任等所需的服务费用。需注意"总承包服务费不含增值税"。

与"13规范"相比,本条为新增内容。

3.2.10 条明确了计日工综合单价及合价的计算方式。计日工价格为税前全费用综合单价。

与"13规范"相比,本条为新增内容。

3.2.11 条规定了增值税计价原则。根据《财政部 国家税务总局关于全面推开营业税改征增值税试点的通知》(财税〔2016〕36号)的规定,本条中的税金按"增值税"计算。需要特别注意的是专业工程暂估价已经包含增值税。

与"13规范"相比,本条为新增内容。

3.3 计价风险

3.3.1 条明确了计价风险是建设工程发承包及实施阶段发承包双方所涉及的工程计量与计价方面的风险，发承包双方在合同约定中不得采用"无限风险"的原则。在建设工程领域，为了保障发承包双方的合法权益，避免因风险界定不清产生纠纷，需要在招标文件和合同中明确计量与计价的风险内容及范围。"无限风险""所有风险"这类表述过于笼统，没有明确界定双方承担风险的边界，可能导致一方承担不合理的风险，所以被禁止使用。这样的规定有助于规范建设工程市场，让合同双方的权利义务更加明晰。

与"13规范"3.4.1条相比，风险范围和内容新增了"工程计量"。由"必须在招标文件"修改为"应在招标文件"。

3.3.2 条明确了发包人应承担的风险因素，遵循"发包人责任发包人承担"的原则。

与"13规范"3.4.2条相比，由3款增加为7款，新增了1~4款和7款的内容。

3.3.3 条明确了承包人应承担的计量计价风险，遵循"承包人责任承包人承担"的原则。

与"13规范"3.4.2条相比，细化了承包人应承担的风险范围。

3.3.4 条主要针对工程价款支付过程中出现的未按约定支付的情况，明确了在这种情况下若导致合同价款调整，应遵循"谁的责任谁承担"原则。强调了合同中关于工程价款支付时间和支付比例约定的重要性，造成合同价格调整应由责任方承担。

与"13规范"相比，本条为新增内容。

3.3.5 条明确了市场物价波动时，发承包双方合同价款调整的原则。本条遵循"风险合理分担"原则，人工费、材料费、施工机具使用费的燃料动力费价差调整应计取增值税，管理费和利润的风险应由投标人作为风险费用在投标报价中考虑。

与"13规范"3.4.3条相比，明确了物价变化的风险范围。

3.3.6 条明确了合同未约定调整价款的清单项目或物价波动幅度，以及物价出现异常波动且有经验承包人不能预见的情况的调整原则。

与"13规范"相比，本条为新增内容。

3.3.7 条明确了除因工程变更或发包人原因导致的措施项目费用变化可以调整外，其他原因项目措施费用不调整。提示承包人对可能发生的风险进行充分地预估。因承包人投标所报措施方案不可行或承包人无能力实施所报的措施方案，需调整方案而引起的费用增加承包人应自行承担。

与"13规范"相比，本条为新增内容。

3.3.8 条明确了合同价款调整事项包括工程量清单缺陷、暂列金额、暂估价、总承包服务费、计日工、物价变化、法律法规及政策性变化、工程变更、新增工程、工程索赔等内容及其处理办法。合同价款调整涉及计量及计价调整，计量调整见第7章"合同工程计量"，计价调整见第8章"合同价款调整"。

与"13规范"相比，本条为新增内容。

3.3.9 条明确了在合同履行过程中，价款支付前需要重新计量计价的，合同价格按本标准第7章"合同工程计量"、第8章"合同价款调整"和第9章"合同价款期中支付"的相关规定调整。

当承包人按照合同要求对合同图纸进行深化设计时，即便深化图纸与原合同图纸存在差异，除合同另有约定或发包人另有要求外，合同价格不应做调整。

与"13规范"相比，本条为新增内容。

3.4 合同选择与要求

3.4.1 条明确了建设工程合同类型分为单价合同、总价合同、成本加酬金合同三种模式。为发包人提供了多种合同选择方式，可以根据工程的特点、规模、复杂程度、风险偏好等因素，灵活选择合适的合同类型。

与"13规范"相比，本条为新增内容。

3.4.2 条明确了不同特点的工程可选用的合同模式。在招投标时，工程项目需求明确、计量计价可控，合同价格波动风险较小的工程，宜采用总价合同；在招投标时，工程项目需求暂不明确、技术难度高、计量计价不可控因素较多，合同价格产生波动风险较大的工程，宜采用单价合同。

与"13规范"7.1.3条相比，细化了选择合同模式的影响因素。

3.4.3 条明确了紧急抢险、救灾或特别复杂的工程宜采用成本加酬金合同。

与"13规范"7.1.3条相比，细化了选择合同模式的影响因素。

3.4.4 条明确了实施招标的工程合同价格约定的基础，不得背离招标文件中关于工程范围、工期、价款、质量等实质性内容。

与"13规范"相比，本条为新增内容。

3.4.5 条明确了单价合同工程的计价范围。采用单价合同，在合同履行中合同图纸与招标工程量清单中单价计价的分部分项工程项目清单有不一致的，以工程量清单为准；采用单价合同的分部分项工程项目清单的综合单价为合同单价时，除合同有约定外不可调整；按"项"进行总价计价的按总价合同的相关规定费用计入。

与"13规范"相比，本条为新增内容。

3.4.6 条明确了总价合同工程的计价范围。采用总价合同的工程，应当注意以下方面：

1. 采用总价合同的工程，在合同履行过程中当合同图纸及合同规范与已标价工程量清单有不一致的，以合同图纸及合同规范为准。

2. 在总价合同的工程中已标价工程量清单存在缺陷的，其价格视为已经在合同总价中综合考虑，工程量清单存在缺陷的不作调整。基于此，投标人在投标报价时应充分考虑因清单存在缺陷引起的风险。

3. 在总价合同的工程中，单价计价的工程量清单采用暂定数量时，工程量清单存在缺陷应按单价合同的相关规定调整合同价格。

与"13规范"相比，本条为新增内容。

3.4.7 条明确了成本加酬金合同的合同总价为暂定价，基于合同特殊性，发承包双方应考虑项目复杂性，按确定工程项目及其数量，乘以其项目成本单价，计算合同工程成本，并按合同的约定计算相应酬金及增值税后调整合同总价。

与"13规范"相比，本条为新增内容。

3.4.8 条明确了发承包双方在合同条款约定中应对以上事项做出详细约定。承包人应提前预测与规避合同履约风险，合理确定投标价格。

与"13规范"相比，本条为新增内容。

3.5 投标报价澄清或说明

3.5.1 条明确了投标报价澄清或说明的相关事项及后续办理流程，有利于发现投标报价文件的潜在风险，促进项目和合同的顺利进行。在开展投标报价澄清或说明时，应注意不可超出澄清或说明的范围，影响交易活动的公平公正。澄清或说明内容应形成投标报价澄清或说明报告，所有投标文件的符合性评审、完整性评审及详细评审，应由评标委员会（或定标委员会）负责。

与"13规范"相比，本条为新增内容。

3.5.2 条明确了投标人的投标文件存在算术误差及细微偏差的，在投标总价不变的情况下可以修正的几种情况。

与"13规范"相比，本条为新增内容。

3.5.3 条明确了当投标文件存在报价合理性问题时，评标委员会对其进行质疑和投标人澄清的操作方法。报价合理性是影响后续项目顺利进行的重要因素，检查报价合理性，可以提前发现项目存在的潜在问题和风险。

与"13规范"相比，本条为新增内容。

3.5.4 条对3.5.1条第2款进行展开阐述，进一步细化了相关规定，使合同条款更加完善和具有可操作性，为合同的顺利履行提供有力的保障。规范投标报价行为，为投标人提供了明确的报价要求和指引，促使其认真、完整地填报投标报价，减少因报价不规范导致的争议和纠纷。对于发包人而言，明确了结算时的费用计算原则，有助于控制工程投资；对于承包人来说，清楚了解漏报或未报的后果。

与"13规范"相比，本条为新增内容。

3.5.5 条明确了投标人进行澄清或说明不能超出要求澄清或说明的内容，不能通过澄清或说明改变投标文件的有效性。

与"13规范"相比，本条为新增内容。

3.5.6 条明确了澄清或说明的文件应以书面形式予以回复，且过程中应严格保密，避免因信息不对称或泄露导致不公平竞争现象。

与"13规范"相比，本条为新增内容。

3.5.7 条旨在指导评标委员会（或定标委员会）在评标（或定标）过程中，充分考虑澄清或说明的文件以及投标人的回复文件所提供的信息，从而更全面、准确地对投标文件进行评估和做出决策,以确保选择出最符合项目要求和条件的中标候选人或中标人。

与"13 规范"相比,本条为新增内容。

3.5.8 条明确了澄清或说明应纳入合同组成部分,可使合同内容更加完整和准确,避免因投标文件中某些模糊表述或疑问未得到明确解释而在合同履行过程中产生争议。其已标价工程量清单的综合单价及其修正综合单价可作为合同单价,应用于合同价款调整的计价。

与"13 规范"相比,本条为新增内容。

3.5.9 条明确了投标报价澄清或说明报告应载明澄清或说明工作程序、存在的主要问题、要求澄清或说明的问题、相应回复意见的简述等内容,将相关文档进行完整编排,并作为报告附件。

与"13 规范"相比,本条为新增内容。

3.6 发包人提供材料

3.6.1 条明确了发包人提供的材料应在招标文件及招标工程量清单的项目特征中予以具体描述。当发包人提供材料时,要保证招投标过程的规范、透明以及后续工程实施的顺利进行,避免因材料信息不明确导致的投标人理解偏差、合同纠纷以及工程进度受阻等问题。

与"13 规范"3.2.1 条相比,取消了"数量、单价"的要求,增加"档次"要求。从甲供材料单价"应计入"相应项目的综合单价,修改为发包人提供的材料价格"不计入"相应项目的综合单价。

3.6.2 条规定了发包人应在招标文件中明确发包人提供材料的有效损耗率。

对发包人:明确损耗率和规范材料数量计算及表格填写,有助于发包人进行材料采购预算,合理控制工程成本,避免因材料供应过多或过少带来的浪费或延误问题;同时,在招标文件中清晰规定这些内容,也能减少后续与承包人之间因材料损耗和数量问题产生的争议。

对承包人:投标人在投标时能够依据明确的材料损耗率和准确的材料数量,合理计算材料成本和投标报价;在工程实施阶段,也便于承包人根据材料一览表进行材料的接收、保管和使用,合理安排施工进度。

与"13 规范"相比,本条为新增内容。

3.6.3 条明确了发包人提供材料超出材料有效损耗率时双方承担原则。发包人提供材料因承包人超领，超出部分的材料费应由承包人承担，因发包人原因造成的材料超领，超出部分的额外损耗由发包人承担。这种明确的责任划分有助于减少合同履行过程中的纠纷。发包人所供应的材料领用数量（不包括工程变更）可按下列公式计算：

1. 单价合同的工程，可按下式计算超领的材料数量：

超领的材料数量＝承包人累计接收发包人所供应材料的数量－按施工图纸计算的实际材料数量×(1＋合同约定的有效损耗费)

2. 总价合同的工程，可按下式计算超领的材料数量：

超领的材料数量＝承包人累计接收发包人所供应材料的数量－按合同图纸计算的合理材料数量×(1＋合同约定的有效损耗费)

与"13规范"相比，本条为新增内容。

3.6.4 条明确了发包人提供的材料在交货、接收、协调、材料保管等方面发承包双方的责任和义务，发生的费用应由发包人承担，可在总承包服务费中计取。

与"13规范"相比，本条为新增内容。

3.6.5 条明确了发包人未按合同要求提供材料时，发包人应将不符合合同要求的材料撤出现场，并按交货计划提供符合合同要求的材料，承包人有协助义务。如导致承包人工期延长，承包人的损失（含利润）由发包人承担。

与"13规范"3.2.3条相比，内容基本一致。

3.6.6 发包人要求合同中约定为发包人提供的材料变更为承包人负责采购的，发包人应征得承包人的书面同意，承包人有权对其变更提出合理反对意见。如承包人接受其变更，承包人应按工程进度计划负责变更材料的采购及供应，如合同总价中已计取发包人提供材料的协助协调、保管及提供相应服务的总承包服务费的，应按本标准第8.5节的规定予以扣减。变更材料价格可通过发承包双方共同招标采购或市场询价确定，相应分部分项工程项目清单变更后的综合单价可按下式计算：

综合单价＝合同单价＋已确认材料价格×（1＋损耗率）×（1＋管理费费率）×（1＋利润率）

式中： 合同单价——已标价工程量清单中的安装单价；

损耗率——可按本标准第3.6.2条的规定确定；

管理费费率、利润率——可按清单项目综合单价分析表中的取费费率计取。

本条明确了由发包人提出将原本合同约定由发包人提供的材料，变更为由承包人负责采购的材料，还明确了由于采购责任主体的更换而引发费用变化及调整的情况处理。

与"13规范"相比，本条为新增内容。

3.7 承包人提供材料

3.7.1 条明确了承包人提供的材料应符合合同图纸及合同规范的要求，并由承包人负责采购、运输和保管。

与"13规范"3.3.1条相比，增加了"承包人提供的材料应符合合同图纸及合同规范的要求"。

3.7.2 条明确了承包人提供材料的采购流程。

根据《中华人民共和国民法典》第七百七十四条："承揽人提供材料的，应当按照约定选用材料，并接受定作人检验"及《中华人民共和国建筑法》第五十九条："建筑施工企业必须按照工程设计要求、施工技术标准和合同的约定，对建筑材料、建筑构配件和设备进行检验，不合格的不得使用"的规定，明确了对于施工材料，需经过发包人检验合格后，方可让承包人进行材料的采购。

与"13规范"3.3.2条相比，删除了"工程设备"名称，"工程设备"归入"材料费"中。"承包人应按合同约定"修改为"承包人应按合同约定和工程进度计划"。

3.7.3 条明确了在建设工程合同中，发包人对承包人提供的材料进行检测时，基于材料质量检测结果不同而产生的费用、工期、损失及修复费用的责任划分。

依据是《中华人民共和国民法典》第七百九十七条："发包人在不妨碍承包人正常作业的情况下，可以随时对作业进度、质量进行检查。"以及《建设工程质量管理条例》（2019年修订）第二十九条："施工单位必须按照工程设计要求、施工技术标准和合同约定，对建筑材料、建筑构配件、设备和商品混凝土进行检验，检验应当有书面记录和专人签字；未经检验或者检验不合格的,不得使用。"

与"13规范"3.3.3条相比,内容基本一致。

3.7.4 条明确了由发包人提出将原本合同约定由承包人提供的材料,变更为由发包人负责采购的材料,还明确了由于采购责任主体的更换而引发费用变化及调整的情况处理。

与"13规范"相比,本条为新增内容。

3.8 建筑信息模型应用

本节为"24标准"新增内容,共4条,主要内容包含计价活动采用BIM技术的相关规定。

BIM技术对于建设项目生命周期内的管理水平提升和生产效率提高有很大的作用,利用BIM技术可以有力地保证执行过程中造价的快速确定,控制设计变更,减少返工,降低成本,并能大大降低设计、招标与合同执行的风险。通过BIM模型统一项目的造价基础数据,有利于进度款支付、过程结算的落地实施,洽商变更的实时呈现,减少竣工结算的争议,从而促进全过程造价管理的高效实施。将计量、计价数据信息和BIM模型相结合,用于建筑工程设计、交易、施工、运维等阶段,有利于实现全生命周期工程造价的合理确定及成本的有效控制,实现建设工程各方协同工作、信息共通,提升效能。

对行业发展的意义:推动了建筑信息模型技术在建设工程计量计价领域的广泛应用,促进工程建设行业向信息化、数字化方向发展,提升行业整体技术水平和管理效率。

4 工程量清单编制

本章"13规范"为6节19条,"24标准"修改为2节15条。章节结构由"一般规定、分部分项工程项目、措施项目、其他项目、规费、税金"修改为"一般规定、工程量清单编制",调整了工程量清单的编制依据,明确了不同合同模式下工程量清单的编制责任、编制内容及列项原则。

4.1 一般规定

4.1.1 条规定了工程量清单应由具有编制能力的招标人或受其委托的工程造价咨询人编制。

与"13规范"4.1.1条相比,"24标准"去掉"具有相应资质"要求,仅保留"具有编制能力"表述,"招标工程量清单"修改为"工程量清单",招标工程和非招标工程的工程量清单均由具有编制能力的招标人或受其委托的工程造价咨询人编制。

根据《国务院关于深化"证照分离"改革 进一步激发市场主体发展活力的通知》(国发〔2021〕7号)、《住房城乡建设部办公厅关于取消工程造价咨询企业资质审批加强事中事后监管的通知》(建办标〔2021〕26号)文件要求,2021年全面取消工程造价咨询企业资质认定,本条不再涉及"取得工程造价咨询资质等级要求"。

4.1.2 条明确了工程量清单的编制对象,包括"合同标的、单项工程、单位工程",明确工程量清单应依据"招标文件要求及工程交付范围"进行编制。

与"13规范"相比,本条为新增内容。

4.1.3 条明确了工程量清单成果文件应包括封面、签署页、编制说明、工程量计算规则说明、工程量清单及计价表格等,并对编制说明和工程量计算规则做了详细要求。

与"13规范"相比,本条为新增内容。

4.1.4 条明确了总价合同与单价合同工程量清单缺陷责任划分。总价合同下承包人承担工程量清单缺陷责任按本标准第6.1.7条的规定不调整,单价合同下工程量清单缺陷由发包人负责承担并按本标准第8.2节规定调整。

与"13规范"相比,本条为新增内容。

4.1.5 条明确了单价合同模式下工程量清单计算规则。工程量清单中分部分项工程项目清单工程数量可按相关约定进行调整,措施项目清单和以项计价的分部分项工程项目清单应按本标准总价计价的规定计算。

与"13规范"相比,本条为新增内容。

4.1.6 条明确了总价合同模式下工程量清单缺陷引起的价款变化不予调整,但分部分项工程项目清单明确工程量为暂定数量时应重新计量,并调整合同价格及合同总价。

与"13规范"相比，本条为新增内容。

4.1.7 条明确了分部分项工程项目清单的相关内容应按国家及行业工程量计算标准和补充工程量清单计算规则进行编制，措施项目清单的相关内容应按国家及行业工程量计算标准编制。

将"13规范"的"4.2节"分部分项工程项目"4.3节措施项目"合并为本条内容。与"13规范"相比，此编制内容增加了"工作内容"。工程量清单措施项目清单应描述工作内容。

4.2 工程量清单编制

4.2.1 工程量清单编制应符合下列依据的规定：

1. 本标准和相关工程国家及行业工程量计算标准。
2. 国家及省级、行业建设主管部门颁发的工程计量与计价相关规定，以及根据工程需要补充的工程量计算规则。
3. 招标文件、拟订的合同条款及其相关资料。
4. 工程招标图纸及其相关资料。
5. 与建设工程有关的技术标准规范。
6. 施工现场情况、相关地勘水文资料、工程特点及交付标准。
7. 其他相关资料。

本条明确了工程量清单的编制依据。

与"13规范"4.1.5条相比，将"国家或省级、行业建设主管部门颁发的计价定额和办法"修改为"国家及省级、行业建设主管部门颁发的工程量计量计价规定，以及根据工程需要补充的工程量计算规则"；"拟定的招标文件"修改为"招标文件、拟定的合同条款"；"常规施工方案"修改为"交付标准"。

4.2.2 条明确了单价合同模式下的分部分项工程项目清单的工程量应依据招标图纸、技术标准规范、相关工程国家及行业工程量计算标准及补充的工程量计算规则计算。清单项目按项计量编制的，应在其计量单位中以项表示。

与"13规范"相比，本条为新增内容。

4.2.3 条明确了总价合同模式下的分部分项工程项目清单的工程量应依据招

标图纸、技术标准规范、相关工程国家及行业工程量计算标准及补充的工程量计算规则计算，不能准确计算工程数量的项目在其项目特征中说明为暂定工程量。

与"13规范"相比，本条为新增内容。

4.2.4 条明确了关于发包人提供材料或暂估材料的分部分项工程项目清单的编制规则和附录引用。

与"13规范"相比，将"13规范"中的3.2.1条和4.4.3条整合为本条。

4.2.5 条详细规定了措施项目清单的编制依据，结合实际情况和相关规定，强调安全生产措施项目应按国家及省级、行业主管部门的管理要求和招标工程的实际情况列项。

与"13规范"相比，细化"13规范"中4.3节"措施项目"的相关内容。

4.2.6 条明确了其他项目清单列项的具体规定，包括暂列金额、专业工程暂估价、直接发包的专业工程、发包人提供材料、计日工、总承包服务费等。

与"13规范"4.4.1条～4.4.5条相比，细化"13规范"中"其他项目"的相关内容。

4.2.7 条明确除了4.2.6条未包括的其他项目，可根据招标文件要求结合工程情况补充列项。

与"13规范"的4.4.6条相比，内容基本一致。

4.2.8 条明确了增值税依据政府规定和标准条款进行计算。

与"13规范"4.6节相比，将"税金"修改为"增值税"。根据《财政部 国家税务总局关于全面推开营业税改增值税试点的通知》（财税〔2016〕36号）的规定，营业税修改为增值税。

5 最高投标限价编制

与"13规范"相比，"招标控制价"更名为"最高投标限价"。

本章"13规范"为3节21条，"24标准"修改为3节16条。5.1节由6条减少为2条。

本章规定了最高投标限价的编制要求、编制依据，增加了工期因素对最高投标限价的影响，明确了最高投标限价的意义和修正程序。

5.1 一般规定

5.1.1 条明确了最高投标限价应按国家有关规定编制，并在发布招标文件时公布最高投标限价及其编制依据。

与"13规范"中的5.1.1条与5.1.6条相比，"国有资金投资，招标人必须编制招标控制价"修改为"建设工程招标设有最高投标限价的，应按国家有关规定编制最高投标限价"。

5.1.2 条明确了最高投标限价应由具有编制能力的招标人或受其委托的工程造价咨询人编制。

与"13规范"5.1.2条相比，由"具有相应资质的工程造价咨询人编制和复核"修改为"工程造价咨询人编制"。

5.2 最高投标限价编制

5.2.1 条明确了最高投标限价编制要求。

与"13规范"5.2.1条相比，增加了"相关工程国家及行业工程量计算标准""地勘水文资料""合理的施工工期""招标文件的补遗、澄清或修改"。

由"计价定额和计价办法"修改为"工程计量与计价相关规定"；由"工程造价管理机构发布的工程造价信息，当工程造价信息没有发布时，参考市场价"修改为"工程价格信息及造价资讯、工程造价数据及指数"。

5.2.2 条明确了最高投标限价应考虑工期因素以及依据同类工程的价格信息、价格指数和造价资讯等编制最高投标限价。

与"13规范"相比，本条为新增内容。

5.2.3 条明确了分部分项工程项目清单中的材料价格可根据招标文件和招标工程量清单确定，按本标准3.1.6条、3.2.2条～3.2.5条的规定，以及类似工程的价格信息、价格指数及市场造价资讯等确定。

与"13规范"相比，本条为新增内容。

5.2.4 条明确了最高投标限价清单项目综合单价需在编制说明中明确其计价方法。

与"13规范"相比，本条为新增内容。

5.2.5 条明确了措施项目清单的计价方法，注明了安全生产措施费用应按国家及省级、行业主管部门的相关规定执行。

与"13规范"5.2.3条和5.2.4条相比，增加了"施工工艺措施、合同条款、类似工程的措施价格信息及市场造价资讯等"。

最高投标限价的措施项目费用可结合招标工程的工程背景、建筑业态、建筑规模、交付标准，参照类似工程结合招标工程的差异，按以下计算规则修正后编制相应措施项目费用：

1. 房屋建筑工程：用类似工程相应措施项目费用总额除以总建筑面积而得的每平方米单价，再乘以本项目的建筑面积并进行价格调整。

2. 道路工程：用类似工程相应措施项目费用总额除以道路总长度而得的每米单价，再乘以本项目的道路总长度并进行价格调整。

3. 其他工程：用类似工程相应措施费用总额除以分部分项工程合同价款总额得到的百分比。

5.2.6 条明确了最高投标限价中其他项目清单的计价方法。

与"13规范"5.2.5条相比，删除了"13规范"中5.2.5条中的第2款"暂估价中的材料、工程设备单价应按招标工程量清单中列出的单价计入综合单价"，增加了第5款内容，细化了总承包服务费的内容。

5.2.7 条明确了增值税的计算方法。

与"13规范"5.2.6条相比，删除了"规费"，明确"税金"按"增值税"计取。

5.2.8 条明确了最高投标限价清单项目价格的编制方法。

与"13规范"相比，本条为新增内容。

5.2.9 条明确了与本标准5.2.8条的工程价格信息及造价资讯存在差异的应进行调整和修正。

与"13规范"相比，本条为新增内容。

5.2.10 条明确了修正最高投标限价应按相关要求和程序重新公布。

与"13规范"相比，本条为新增内容。

5.3 异议和修正

5.3.1 条明确了最高投标限价异议处理的方式，对最高投标限价有异议的可在规定时间内以书面形式向招标人提出。

与"13规范"5.3.1条相比,投标提出异议的处理由"应在招标控制价公布后5天内向招投标监督机构和工程造价管理机构投诉"修改为"可在规定时间内以书面形式向招标人提出异议"。

5.3.2 条明确了最高投标限价异议处理的流程。

与"13规范"5.3.1条相比,处理方式由"应在招标控制价公布后5天内向招投标监督机构和工程造价管理机构投诉"修改为先向招标人提出异议,若投标人得不到回复或对回复不认可,可在投标截止前规定时间内向有关行政监督管理部门反映。

5.3.3 条明确了对最高投标限价偏差复查的处理方式。偏差较大的,招标人应作出说明并对其不合理内容进行修订。

与"13规范"5.3.8条相比,由"招标控制价大于±3%时"修改为"最高投标限价偏差较大的"。

5.3.4 条明确了最高投标限价需要修订及重新公布的,应按政府主管部门相关要求和程序重新公布。

与"13规范"5.3.9条相比,由"最终公布时间至招标文件要求提交投标文件截止时间不足15天的,应相应延长投标文件的截止时间"修改为"按政府主管部门相关要求和程序重新公布"。

6 投标报价编制

与"13规范"相比,由"投标报价"修改为"投标报价编制"。"13规范"共2节13条,"24标准"共2节24条。6.1节由5条修改为11条;6.2节由"编制与复核"修改为"投标报价编制",由8条修改为13条。

6.1 一般规定

6.1.1 条规定了应由投标人或受其委托的工程造价咨询人编制。

与"13规范"6.1.1条相比,由"具有相应资质的工程造价咨询人编制"修改为"工程造价咨询人编制"。

6.1.2 条明确了投标人可自主确定投标报价,并应对已标价工程量清单的一致性及合理性负责，承担不合理报价及总价合同工程量清单缺陷等风险。

与"13规范"6.1.2条相比，增加了"对已标价工程量清单填报价格的一致性及合理性负责，承担不合理报价及总价合同的工程量清单缺陷等风险"。

"13规范"中确定投标自主报价执行6.2.1条，本标准执行6.2节。

6.1.3 条明确了投标人投标报价的基本原则：不得低于成本价，且不得高于招标人公布的最高投标限价。

与"13规范"6.1.3条和6.1.5条相比，内容基本一致。

6.1.4 条明确了投标人对计划工期存在疑问及异议的处理流程：对计划工期有疑问或异议的，应按招标文件的规定以书面形式提请招标人澄清或修正；无疑问或无异议的，合理确定投标工期并投标报价，投标工期不得超过招标人的计划工期或澄清修正的计划工期。

与"13规范"相比，本条为新增内容。

6.1.5 条明确了投标人复查措施项目清单列项的完整性和适用性，如有疑问或异议的可按招标文件的规定以书面形式提请招标人澄清或修正，若投标人认为需要增加的，则补充列项及报价，并对措施项目清单的准确性和完整性负责。

与"13规范"相比，本条为新增内容。

6.1.6 条明确了采用单价合同的招标工程，投标人在规定时间内对分部分项工程项目清单复核，出现有疑问或异议时的处理流程。分部分项工程项目清单的完整性和准确性由招标人负责。

与"13规范"相比，本条为新增内容。

6.1.7 条明确了采用总价合同招标的工程，投标人在规定时间内对分部分项工程项目清单复核，出现有疑问或异议时的处理流程。投标人对已标价分部分项工程项目清单的完整性和准确性负责。除暂定数量的分部分项项目清单外，合同总价不应因存在工程量清单缺陷而调整。

与"13规范"相比，本条为新增内容。

6.1.8 条明确了投标价中由承包人承担范围及幅度内的风险费用，如招标文件中未明确，投标人在规定的时间内提请招标人明确，招标人应在规定时间内予以书面答复。

与"13规范"6.2.2条相比，内容基本一致。

6.1.9 条明确了单价合同清单项目的综合单价及其合价和（或）总价计价项目的价格未按要求填报的处理流程。

与"13规范"6.2.7条相比，删除了"当竣工结算时，此项目不得重新组价予以调整"，增加了"未按要求填报（漏填或未填）综合单价及其合价和（或）清单项目价格的，宜按本标准第3.5.4条的规定完成相关的投标报价澄清或说明"。

6.1.10 条明确了总价合同清单项目的综合单价及其合价和（或）总价计价项目的价格未按要求填报的处理流程。

与"13规范"相比，本条为新增内容。

6.1.11 条明确了投标人投标总价与分部分项工程项目清单、措施项目清单、其他项目清单、增值税的合价总额不相符情况下的处理原则。

与"13规范"6.2.8条相比，增加了"如投标总价与前述合价总额不相符的，应在保持投标总价不变的前提下，按本标准第3.5节的规定调整已标价工程量清单。"

6.2 投标报价编制

6.2.1 条明确了投标报价的编制要求。

与"13规范"6.2.1条相比，编制依据由9条修改为8条，增加了"相关工程国家及行业工程量计算标准""地勘水文资料""投标工期"。由"计价定额和计价办法"修改为"工程计量与计价相关规定"，由"工程造价管理机构发布的工程造价信息"修改为"工程造价数据、价格变动预期、装备及管理水平、造价资讯等"。

6.2.2 条明确了投标报价的计算规则及投标报价价格应考虑的因素。

与"13规范"相比，本条为新增内容。

6.2.3 条明确了分部分项工程项目中按项计价的项目，对投标人投标报价提出要求。除合同另有约定外，按项计价项目报价为包干价，工程结算时不应做调整。

与"13规范"相比，本条为新增内容。

6.2.4 条明确了分部分项工程项目清单中发包人提供材料的清单项目报价及

计价原则。

与"13规范"相比，本条为新增内容。

6.2.5 条明确了包含材料暂估价（不含增值税）的分部分项工程项目清单投标报价及计价原则。

与"13规范"6.2.5条相比，本条增加了对材料暂估价清单项目应满足的报价要求。

6.2.6 条明确了措施项目清单报价时投标报价的影响因素。

与"13规范"6.2.4条相比，增加了第1款～第6款的具体影响因素，"投标时依据拟定的施工组织设计或施工方案"修改为"投标人应按自身的工程实施方案及投标工期确定进行报价"，"安全文明施工费"修改为"安全生产措施费"。

6.2.7 条明确了暂列金额、专业工程暂估价金额，投标人应按提供的金额准确填报。专业工程暂估价为含增值税金额。

与"13规范"6.2.5条第1款、第3款相比，内容基本一致。

6.2.8 条明确了投标人对计日工清单填报的相关规定。

与"13规范"6.2.5条第4款相比，"数量"修改为"暂定数量"。

6.2.9 条明确了投标人对其他项目清单中的各项总承包服务费的填报及计价风险的要求。

与"13规范"6.2.5条第5款相比，增加了"直接发包的专业工程""总承包服务费计价风险的要求"。

6.2.10 条明确了依据相关造价资讯进行投标报价时应考虑的调整因素。投标人应用相关造价资讯进行投标报价的，不宜直接采用相关资讯，应结合招标工程与所使用造价资讯的工程建设时间、建设地点、建设规模、完工交付标准、招投标方式、材料来源、使用工人来源等差异引起的价格影响，在合理调整采用的造价资讯后，再使用于招标工程的投标报价。

与"13规范"相比，本条为新增内容。

6.2.11 条明确了增值税价格的计算基数不含专业工程暂估价。

与"13规范"相比，本条为新增内容。

6.2.12 条明确了投标人应在投标文件提交时完整提交分部分项工程项目清单综合单价分析表或分部分项工程项目清单综合单价分析表（简版）、措施项目清单构成明细分析表、措施项目费用分拆表、大型机械进出场及安拆费用构成明细表，相关表格应按附录要求填报。

与"13规范"相比，本条为新增内容。

6.2.13 条明确了投标人应在提交投标文件时提交措施项目清单费用拆分表的填报要求，指导后续合同价款调整及进度款支付。

与"13规范"相比，本条为新增内容。

7 合同工程计量

本章与"13规范"第8章相对应。与"13规范"相比，由"工程计量"更名为"合同工程计量"。

本章"13规范"为3节15条，"24标准"修改为7节31条。与"13规范"相比，本章结构及计量原则发生变化。"13规范"以一般规定、单价合同和总价合同划分小节，"24标准"以一般规定、分部分项工程、措施项目、工程变更、计日工、返工工程和新增工程作为小节进行划分。

7.1 一般规定

7.1.1 条明确了工程量的计算范围为"按合同要求已完成且应予计量的工程"，工程量计算规则为"发承包双方约定"，体现了"有约从约"的原则。

与"13规范"8.1.1条和8.2.1条相比，"13规范"中"必须"修改为"24标准"中"应"，增加了工程量编制依据为"发承包双方约定""行业工程量计算标准及补充的工程量计算规则"。

7.1.2 条说明了合同应约定计量周期，并按约定的计量周期进行工程计量。

与"13规范"8.1.2条相比，"按月或按工程形象进度分段计量"修改为"在合同约定的时间节点、工程形象目标节点或工程进度节点"进行工程计量，体现了"有约从约"的原则。

7.1.3 条明确了已完工程价差调整按照约定的调价周期进行分段计量。

与"13规范"相比，本条为新增内容。

7.1.4 条对承包人实施的工程及工作但不予计量的情况做出详细说明。

与"13规范"8.1.3条相比，本条新增了第1款、第3款和第4款三种情况。

7.1.5 条确定了承包人计量结果的提出和发包人核对计量结果的程序和责任。

与"13规范"8.2.3条相比,"13规范"中未明确要求提交计量成果和核对结果的形式,本条要求两者均以书面形式提交。"13规范"规定"发包人应在收到报告后7天内核实",在本条修改为"在约定时间内"。本条新增"除合同另有约定外,承包人提交的该计量成果可作为工程价款的计算依据,但不应作为相关工程已合格交付的依据。"

7.1.6 条明确了发承包双方对于合同计量核对结果的确认、复核、复查的要求及未按约定执行时的处理原则。

与"13规范"8.2.5条相比,在"13规范"中未明确发包人的回复形式,本条明确需以"书面形式"回复。"13规范"规定承包人"应在收到计量结果通知后的7天内向发包人提出书面意见",发包人"应在7天内对承包人的计量结果进行复核",本条统一修改为"在约定时间内"。本条新增"除合同另有约定外,发包人提交的核对计量结果可作为工程价款的计算依据。"

7.1.7 条明确了发承包双方对计量成果达成一致后在计量成果上签署确认,无法达成一致的按争议的解决方式处理。

与"13规范"中8.2.5条和8.2.6条相比,由"汇总表上签字确认"修改为"相关工程计量成果上签署确认"。"13规范"8.2.5条"承包人对复核计量结果仍有异议的,按照合同约定的争议解决办法处理"修改为"按本标准第11章规定的争议解决方式处理"。

7.1.8 条明确了工程计量成果应作为合同价款调整、工程结算的依据,工程计量成果应由"发承包双方签署确认"。合同另有约定或发承包双方明确仅作为工程进度款支付依据及工程量成果为粗略估算的不作为依据。

与"13规范"相比,本条为新增内容。

7.2 分部分项工程计量

7.2.1 条明确了在单价合同模式下分部分项工程项目清单的工程量计算规则,明确计量依据、工程变更处理、工程量清单缺陷处理等关键内容。

以综合单价形式计价的措施项目及合同约定应予计量的其他措施项目按本条第 1 款的规定执行。

与"13 规范"相比，本条为新增内容。

7.2.2 条明确了在总价合同模式下分部分项工程项目清单可不重新计量，合同价格不因工程量清单缺陷调整。但对于招标清单中明确为"暂定数量单价计价"的分部分项工程及工程变更，需按相应规则重新计量。

与"13 规范"相比，本条为新增内容。

7.2.3 条明确了完成发包人要求的暂列金额含未能完全预见或详细说明的工程分部分项工程项目清单，可按单价合同分部分项工程项目清单计量，作为暂列金额调整依据。

与"13 规范"相比，本条为新增内容。

7.3 措施项目计量

7.3.1 条明确了已标价工程量清单的措施项目可以调整的情况：合同另有约定及本条列出的措施项目。其余措施项目清单的完整性及准确性均应由承包人负责，不予调整。

与"13 规范"相比，本条为新增内容。

7.3.2 条明确了专业工程暂估价为包含专业分包人为完成专业工程的包括措施项目费用等所有费用的价格。

与"13 规范"相比，本条为新增内容。

7.3.3 条明确了暂列金额的措施项目费已包含在已标价工程量清单的措施项目中，不应另外计量调整，但以下情形除外：

1. 合同另有约定。
2. 合同总价内的暂列金额用于未能完全预见或详细说明的工程引起措施项目费用变化的，可按"7.7 新增工程计量"的规定调整。
3. 用于合同价格调整的暂列金额发生工程变更、新增工程、工程索赔引起措施项目费变化，应分别按本标准 8.9 节~8.11 节规定计算。

与"13 规范"相比，本条为新增内容。

7.4 工程变更计量

7.4.1 条提出因工程变更引起的应予计量的工程量应遵循的依据：合同约定

的计算规则、适用的国家及行业工程量计算标准。

与"13规范"相比,本条为新增内容。

7.4.2 条明确了单价合同模式下工程变更工程量计算依据是"发包人颁发或确认的变更指令及实际施工图纸",与"已纠正工程量清单缺陷的工程量清单项目及其工程量"进行比较,确定工程量差异。

与"13规范"相比,本条为新增内容。

7.4.3 条明确了总价合同模式下工程变更工程量计算依据为"发包人颁发或确认的变更指令"及图纸差异。总价合同不因工程量清单缺陷调整。工程变更增减量按合同约定的工程量计算规则、适用的国家及行业工程量计算标准计算。

与"13规范"相比,本条为新增内容。

7.4.4 条明确了工程变更引起的措施项目变化计量原则。

工程变更引起措施项目变化有两种情形:工程变更引起的额外增加措施、合同工期变化,对应第8章合同价款调整的8.9.4条和8.9.5条。

与"13规范"相比,本条为新增内容。

7.5 计日工计量

7.5.1 条明确了发承包双方对计日工计量的提出和批复,如在约定时间内承包人未提出或发包人未批复的,视为放弃自身的权益。

与"13规范"9.7.1条相比,"13规范"规定"发包人通知承包人以计日工方式实施的零星工作,承包人应予执行",本条调整为如承包人认为有关项目和工作宜采用计日工的规定进行计量的,应在约定时间内提出。

7.5.2 条明确说明采用计日工计量计价的适用情况,一般为难以准确进行实体工程量计算的、附带性的工作内容。

与"13规范"相比,本条为新增内容。

7.5.3 条明确了计日工实施过程中需要报送发包人核实的相关内容。

与"13规范"9.7.2条相比,"13规范"仅要求在"实施过程中"提交资料给发包人复核。而本条明确计日工计价的任何一项工作,"在该项工作实施过程中的每一天"提交新增投入该工作的材料"规格、品牌"等报表和凭证。

7.5.4 条明确了对持续进行的计日工计量的要求。

与"13规范"9.7.3条相比,"任一计日工项目持续进行时"修改为"任何一项非当天完成的计日工工作持续进行时"。"13规范"要求"在该项工作实施结束后的24小时内向发包人提交有计日工记录汇总的现场签证报告一式三份",本条调整为"在约定的时间内"向发包人提交签证报告,且"内容应包括每天计日工记录的汇总"。

7.5.5 条明确了发包人应在约定时限内对承包人提交的报表进行复核的要求。如在约定时间内发包人未核实或复核的,视为发包人认可承包人提交的报表或计日工签证报告中的内容。

与"13规范"9.7.3条相比,"13规范"中"发包人在收到承包人提交现场签证报告后的2天内予以确认"修改为本条"发包人应在收到承包人提交报表后的约定时间内以书面形式通知承包人相关的核实结果,并在收到承包人提交的计日工签证报告后,在约定时间内进行复核。"

7.5.6 条明确了发承包双方共同签署的相关计日工确认结果,作为计日工计价的依据。

与"13规范"相比,本条为新增内容。

7.6 返工工程计量

7.6.1 条明确了工程变更或发包人责任事件引起承包人已完成的部分或全部工程的返工工程,或引起承包人已采购及已加工的材料报损或报废的应予计量。承包人应在合同约定时间内以书面形式向发包人提出返工工程确认要求,未及时提出的,不予计量和补偿。

与"13规范"相比,本条为新增内容。

7.6.2 条明确了返工工程确认的处理程序。在发包人未确认且未提出异议的情况下,监理人可以作为发包人代表,开展相关查验、审核等工作。

与"13规范"相比,本条为新增内容。

7.6.3 条明确了返工确认单上需要明确的内容,并以此作为返工工程量的计量依据。

与"13规范"相比,本条为新增内容。

7.6.4 条明确了返工引起的相关费用应由责任方承担。属于工程变更或发包人责任原因的返工工程量由发包人承担，属于承包人责任原因的，返工工程相关工程量不应计量。

与"13规范"相比，本条为新增内容。

7.6.5 条明确了返工工程引起工期变化对措施项目产生影响的计量规则。

与"13规范"相比，本条为新增内容。

7.7 新增工程计量

7.7.1 条明确了新增工程分部分项工程项目清单工程量的计量规则。

与"13规范"相比，本条为新增内容。

7.7.2 条明确了新增工程所发生的措施项目计量规则。

与"13规范"相比，本条为新增内容。

8 合同价款调整

与"13规范"相比，第9章合同价款调整对应本章内容。"13规范"共15节58条，"24标准"共11节85条。删除"13规范"中"9.14现场签证"，新增本标准"8.5总承包服务费""8.10新增工程"。"13规范"中"9.4项目特征不符""9.5工程清单缺陷""9.6工程量偏差"整合为本标准"8.2工程清单缺陷"。"13规范"中"9.10不可抗力""9.11提前竣工（赶工补偿）""9.12误期赔偿""9.13索赔"整合为本标准8.11工程索赔。

8.1 一般规定

8.1.1 条明确了合同履行过程中调整合同价款的11种情况。

与"13规范"9.1.1条相比，由15款修改为11款，删除"现场签证"。"13规范"中"按照合同约定调整"修改为本标准"可按本标准第7章、本章的规定调整"，将"13规范"中"法律法规变化"修改为本条"法律法规及政策性变化"，将"13规范"中"不可抗力、提前竣工（赶工补偿）、误期赔偿、索赔"整合为本标准"工程索赔"，将"13规范"中"项目特征不符、工程量清单缺项、工程量偏差"整合为本条的"工程量清单缺陷"，新增"总承包服务费和新增工程"。

8.1.2 条明确了合同履行过程中调整合同价款需要按照规定调整工程量及价格,并约定时间与资料一并提交。

与"13 规范"相比,本条为新增内容。

8.1.3 条明确了发包人收到承包人合同价格调整报告及相关资料后,应在约定时间内对其进行核实、确认;不予确认的,应书面回复承包人核对意见,未确认也未提出核对意见的,应视为发包人认可。

与"13 规范"9.1.2 条~9.1.4 条相比,删除了关于提交和核实调整事项的具体时间,修改为"在约定时间内"进行提交与核实调整事项。

8.1.4 条明确了承包人收到发包人提出价格调整核对意见后,在约定时间内对其进行核实、确认;不予确认的,应书面回复发包人核对意见,未确认也未提出核对意见的,应视为承包人认可。

与"13 规范"9.1.2 条~9.1.4 条相比,删除了关于提交和核实调整事项的具体时间,修改为"在约定时间内"进行提交与核实调整事项。

8.1.5 条明确了发承包双方对合同价款调整不能达成一致意见而采取争议解决处理的相关规定。

与"13 规范"9.1.5 条相比,"当双方意见不能达成一致时,对发承包双方不产生实质影响的,双方继续履行合同义务"修改为本条的"除法律法规规定或合同另有约定外,在争议期间应继续履行合同义务"。

8.1.6 条明确了发承包双方确定的相关计量与计价成果应与工程进度款和施工过程结算款同期支付。

与"13 规范"9.1.6 条相比,"结算款"修改为本条"施工过程结算款",增加了在相关成果文件上进行签署。

8.1.7 条明确了工期变化引起的合同价格调整处理方法。

与"13 规范"相比,本条为新增内容。

8.1.8 条明确了发承包双方在合同价格调整事项达成一致后,增值税的调整方式。

与"13 规范"相比,本条为新增内容。

8.2 工程量清单缺陷

8.2.1 条明确了单价合同分部分项工程项目清单存在清单缺陷的合同价款调

整办法。

与"13 规范"相比,"13 规范"中的"9.4 项目特征不符""9.5 工程量清单缺陷"第 1 款、"9.6 工程量偏差"第 1 款和第 2 款,整合为本条内容,增加了清单工程量增加或减少且增减工程量"未超过"相应清单项目合同清单所含工程量的 15%(含 15%)的合同价款调整办法。

8.2.2 条明确了采用单价合同时除安全生产措施项目按合同约定计算,在分部分项工程项目清单中列项的模板工程、临时工程及合同约定应予计量的措施项目应予以调整外,其他措施项目不调整。

与"13 规范"相比,"13 规范"中的"9.5 工程量清单缺项""9.6 工程量偏差"中关于措施项目调整办法修改为本条内容。

8.2.3 条明确了采用总价合同时除合同约定的分部分项工程项目清单工程量为暂定数量单价计价的项目外,合同价格及合同工期不因工程量清单缺陷而调整。

与"13 规范"相比,"13 规范"中的"9.5 工程量清单缺项""9.6 工程量偏差"中关于措施项目调整办法修改为本条内容。

8.3 暂列金额

8.3.1 条明确了合同总价内的暂列金额应由发包人掌握,依据发包人发出的指令使用。

与"13 规范"相比,"13 规范"中 9.15.1 条"已签约合同价"修改为"合同总价"。

8.3.2 条明确了暂列金额用于未能完全预见或详细说明的工程时的计价原则。合同价格应按所确定的调整价格与暂列金额的差异进行调整。

与"13 规范"相比,本条为新增内容。

8.3.3 条明确了暂列金额用于工程合同价格调整时的计价原则。合同价格应按所确定的调整价格与暂列金额的差异进行调整。

与"13 规范"相比,本条为新增内容。

8.3.4 条明确了除用于工程变更、未能完全预见或详细说明的工程、新增工程、工程索赔引起的措施项目、合同工程工期变化的暂列金额外,其他使用的暂列金额不涉及措施项目费的调整。

与"13规范"相比，本条为新增内容。

8.3.5 条明确了在合同履行过程中未发生暂列金额调整事件的，结算时全部扣除，如发生暂列金额调整事件的，按本标准相关规定执行。

与"13规范"相比，"13规范"中9.15.2条在"24标准"中细化为本条内容。

8.4 暂估价

8.4.1 条明确了属于依法必须招标的暂估价，应以招标确定的材料税前价格和（或）含税专业分包工程价格取代暂估价，调整合同价格。

与"13规范"相比，将"13规范"中9.9.1条和9.9.4条内容调整为本条。专业工程暂估价含增值税，材料暂估价不含增值税。工程设备不再单列，含在本条的材料暂估价中。

8.4.2 条明确了发包人作为招标人进行暂估价材料、暂估价专业工程招标时相关的费用的承担原则。

与"13规范"9.9.4条第2款相比，内容基本一致。

8.4.3 条明确了承包人作为招标人进行暂估价材料、暂估价专业工程招标时相关的费用的承担原则。

与"13规范"9.9.4条第1款相比，内容基本一致。

8.4.4 条明确了发包人和承包人共同作为招标人进行暂估价材料、暂估价专业工程招标时相关的费用的承担原则。

与"13规范"相比，本条为新增内容。

8.4.5 条明确了不属于依法招标的暂估价的材料合同价格调整方法。

与"13规范"9.9.2条相比，由"承包人按照合同约定采购"修改为"由承包人进行市场采购询价或自主报价，或可由发承包双方共同询价确认价格后以税前价格取代暂估价，并计算相应增值税价格变化"。

8.4.6 条明确了材料暂估价在合同中的调整方法，调整暂估价材料的价格后价差仅计取增值税。

与"13规范"相比，本条为新增内容。

8.4.7 条明确了不属于依法招标的专业工程暂估价合同价格调整方法。

与"13规范"9.9.3条相比，确定专业工程暂估价应参照规范"9.3工程变更"修改为本标准"8.10新增工程"相关规定进行合同价格调整。

8.4.8条明确了承包人参加暂估价专业工程投标并中标的,应扣减总承包服务费。

与"13规范"相比,本条为新增内容。

8.5 总承包服务费

8.5.1条明确了发包人提供的材料变更为承包人提供时,应按本标准相关规定调整相应分部分项工程项目清单的综合单价,并扣除发包人提供材料的总承包服务费。

与"13规范"相比,本条为新增内容。

8.5.2条明确了若合同履行过程中发生合同约定的承包人提供材料变更为发包人提供材料所增加的总承包服务费,应调整合同价格。

与"13规范"相比,本条为新增内容。

8.5.3条明确了合同总价中应扣除已计取的相关专业分包工程、直接发包专业工程的总承包服务费的情况。

与"13规范"相比,本条为新增内容。

8.5.4条明确了总承包服务费两种计价方式(以"项"或以"费率")在合同价格调整时的不同处理方法。

与"13规范"相比,本条为新增内容。

8.5.5条明确了因发包人批准的专业分包工程发生工程变更或发包人原因引起工期发生实质性改变时总承包服务费的调整方法:

总承包服务费调整价款＝受影响专业分包工程(或直接发包专业工程)延误的工期×受影响专业分包工程(或直接发包专业工程)总承包服务费/受影响专业分包工程(或直接发包专业工程)工期

与"13规范"相比,本条为新增内容。

8.5.6条明确了如相关专业分包工程或直接发包的专业工程的工期形成实质性延长,但工期延长是因总承包人未履行合同规定的对专业分包工程的管理、协调及配合责任,以及因直接发包的专业工程的协调及配合责任所造成的,则相应专业工程的总承包服务费不应做调整,且承包人应向发包人赔偿合同约定的误期赔偿费。

与"13规范"相比，本条为新增内容。

8.6 计日工

8.6.1 条明确了计日工计价的原则，即"不宜按合同约定和相关工程国家及行业工程量清单计价标准等"，发承包双方可采用计日工方式进行计价。

与"13规范"9.7.1条相比，"13规范"约定"发包人通知承包人以计日工方式实施的零星工程，承包人应予执行"修改为本条。

8.6.2 条明确了计日工计量方法，依据合同清单中的计日工综合单价计取计日工价款。

与"13规范"9.7.4条相比，在"24标准"中把"13规范"中的9.7.4条拆分成两条，分别为8.6.2条及8.6.3条。

8.6.3 条明确了合同清单中没有已标价计日工清单项目或已标价计日工清单项目没有适用综合单价的情况下如何确定综合单价。

与"13规范"9.7.4条相比，"13规范"约定已标价工程量清单中没有该类计日工单价的，由发承包双方按本规范工程变更的规定商定计日工单价计算修改为"24标准"的本条。

8.6.4 条明确了采用计日工计价的工程或工作，其发生的措施费用（如有）应已包含在计日工单价中，不应另外再计算其措施项目费用。

与"13规范"相比，本条为新增内容。

8.6.5 条明确了工程结算时，计日工项目的处理原则。

与"13规范"相比，本条为新增内容。

8.7 物价变化

8.7.1 条明确了发生物价变化时人工费、材料费、施工机具使用费中的燃料动力费价格调整原则。

与"13规范"9.8.1条相比，可调范围由"人工、材料、工程设备、机械台班价格"修改为"人工费、材料费、施工机具使用费中的燃料动力费"。

8.7.2 条明确了人工费、材料费、施工机具使用费中的燃料动力费市场价格波动时合同价格的调整方法。

与"13规范"9.8.2条相比,将"13规范"中"采购材料和工程设备"修改为"人工费、材料费、施工机具使用费中的燃料动力费"。

8.7.3 条明确了不属于合同约定的人工费、材料费、施工机具使用费中的燃料动力费的其他材料费市场价格出现异常变动的风险分担原则和处理方法。

与"13规范"相比,本条为新增内容。

8.7.4 条明确了发生合同工程工期延误的,应分清责任,按本条相关原则调整。

与"13规范"9.8.3条相比,新增本条第3款内容。

8.7.5 条明确了发包人提供的材料及材料暂估价出现物价变化时的价格调整原则。

与"13规范"9.8.4条相比,"13规范"为发包人实际调整价格列入合同工程造价内,本标准发包人实际调整价格不列入合同总价。

8.7.6 除合同另有约定外,承包人按合同履行及完成工程所发生的下列费用不应因物价变化而调整合同总价和合同单价:

1. 施工耗材费用。
2. 中小型工具使用费。
3. 措施项目费用。
4. 除按本标准第8.7.1条~第8.7.4条规定调整价格的施工机具使用费的燃料动力费外,其他的施工机具使用费用。
5. 除本标准第8.7.3条规定的价格异常波动外,不属于合同约定调价项目的材料费。
6. 超出合同约定调价范围及幅度的价格变化,或调价项目的物价变化幅度未超出本标准第8.7.2条规定的人工费、材料费、施工机具使用费的燃料动力费。
7. 管理费及利润。
8. 承包人自身原因产生的费用。

本条明确了不可参与物价变化调整的内容。

与"13规范"相比,本条为新增内容。

8.8 法律法规及政策性变化

8.8.1 合同工程实施期间,在合同基准日后发生以下法律法规及政策性变化引起合同价款增减变化和（或）工期延误的，发承包双方应按合同约定和国家、省级或行业建设主管部门及其授权的工程造价管理机构据此发布的规定调整合同价格及（或）工期：

1. 新增的法律法规及政策性规定。
2. 修改原有的法律法规及政策性规定。
3. 废止原有的法律法规及政策性规定。
4. 政府对相关法律法规的解释发生了变化。

本条明确了法律法规及政策性变化的范围。在合同执行过程中发生法律法规及政策性规定的变化时，发承包双方可以以合同基准日为基础进行合同价款的计算和工期的调整。

与"13规范"9.2.1条相比，增加"合同工程实施期间"时间限制及"工期延误"影响的工期调整。

8.8.2 条明确了因承包人原因引起的工程延误期间出现的法律法规及政策性变化的，合同价格调增的不应予调整，合同价格调减的应予以调整。

与"13规范"9.2.2条相比，内容基本一致。

8.8.3 条明确了因发包人原因引起工期延长，在工期延长期间出现因发包人原因引起的工程延误期间的法律法规及政策性变化的，合同价格调减的不应予调整，合同价格调增的应予以调整。

与"13规范"相比，本条为新增内容。

8.8.4 条明确了非发承包双方原因导致工期延长期间出现的法律法规及政策性变化的，合同价格应按实调整，合同另有约定或法律法规及政策另有规定的除外。

与"13规范"相比，本条为新增内容。

8.8.5 条明确了法律法规及政策性变化引起合同价格调整的，管理费及利润不应作调整。

与"13规范"相比，本条为新增内容。

8.8.6 条明确了合同履行过程中，增值税率发生变化的，即税率颁布前已完成的工程不调整，颁布后完成的工程按新税率与原依据合同基准日税率计算的相应增值税的差额调整合同价格。

与"13规范"相比，本条为新增内容。

8.9 工程变更

8.9.1 条明确了单价合同模式下因工程变更或工程量清单缺陷引起分部分项工程的清单项目变化（项目增减），或清单工程量发生变化且工程量变化不超出15%（含15%）时的调价原则。

与"13规范"9.3.1条相比，将"13规范"中"应由承包人根据变更工程资料、计量规则和计价办法、工程造价管理机构发布的信息价格和承包人报价浮动率提出工程变更项目的单价"修改为本条"协商确定市场合理的综合单价"。本条更强调了"施工条件"对综合单价的影响。

8.9.2 条明确了单价合同模式下因工程变更或工程量清单缺陷引起分部分项工程的清单项目变化，或清单工程量发生变化且工程量变化超出15%（不含15%）时的调价原则。

与"13规范"9.6.2条相比，内容基本一致。

8.9.3 条明确了采用总价合同的工程，按合同约定合同单价适用于工程变更计价和不适用工程变更计价的调整原则。

与"13规范"相比，本条为新增内容。"13规范"未区分单价合同和总价合同工程变更引起工程量变化的调价方式。

8.9.4 条明确了工程变更或发包人责任事件引起合同工期实质性延长或缩短的，合同工期影响措施项目调增（减）价格的计算方法：

措施项目调增（减）价格＝延长（缩短）工期×措施项目中期运行费用/合同工期

式中：延长（缩短）工期——可按本标准第7.4.4条的规定计算延长或缩短工期；

措施项目中期运行费用——可按本标准第6.2.13条规定的措施项目费用分拆表计算合同清单中所有受影响措施项目的中期运行费用总额。

与"13规范"9.3.2条相比，取消因工程变更对安全文明施工费、单价措施费、总价措施费的调整办法，增加了发包人责任引起合同工期变化的措施费价格调整方法，强调了因工期影响措施费用的调整办法。

合同工期实质性延长或缩短的，措施项目调整时需要考虑两方面内容：

一方面，由于合同工期发生实质性延长或缩短，会导致施工机具等租赁期延长或缩短，然而施工机具前期进场、后期出场等一次性费用并未受到影响，因此措施项目调整时只需考虑措施项目中期运行费用的变化；另一方面，中期运行费用基础价格的确定可参考已标价工程量清单中的所有受影响措施项目，由于投标人投标报价时已综合考虑自身的装备水平、管理水平及相应的价格影响因素，合同清单内措施项目代表了承包人体现自身竞争能力的报价水平及价格承诺，因此工程变更引起措施项目调整时，首先应参考《措施项目费用分拆表》中所有受影响措施项目的中期运行费用，计算出单位工期下的价格，最后乘以延长或缩短的工期得到措施项目调整价格。

8.9.5 条明确了为完成工程变更而需额外增加的措施项目的价格调整方法。

与"13规范"相比，本条为新增内容。

完成工程变更所需额外增加的施工机具应统计实际发生的新增施工机具的型号、台数及其耗用台班量；采用计日工方式（即工程量×单价）进行计价，计日工清单中已有的价格直接采用，没有的价格参考工程量清单构成中的类似价格调整或协商确定。

完成工程变更增加的临时设施需统计实际新增临时设施的类型及其实际发生的数量和使用时间；发承包双方按协商确定的合理市场价格（考虑批量或少量采购等因素）进行计价。

8.9.6 条明确了工程变更涉及实质性内容变化并引起措施方案变化时，发承包双方的不利一方提出调整措施项目费的，应在实施前将拟实施的方案提交另一方审核，发承包双方确认后执行的，可按本标准相关规定调整措施项目费。

与"13规范"相比，本条为新增内容。

8.9.7 条明确了由发承包双方的不利一方在约定时间内未提出调整要求应视为放弃调整措施项目费的权利。不利一方在规定时间内提出调整要求，但另一方未在约定时间内确认则视为认可不利一方提出的调整要求。

与"13规范"9.3.2条相比，将"13规范"中"如果承包人未事先将拟实施的方案提交给发包人确认，则应视为工程变更不引起措施项目费的调整或承包人放弃调整措施项目费的权利"修改为本条内容。

8.9.8 条明确了因非承包人原因删减合同内容，发包人应补偿承包人的损失费用及合理的预期收益。

与"13规范"9.3.3条相比,内容基本一致。

8.10 新增工程

8.10.1 条明确了承包人完成合同约定工程范围外的新增工程可按合同的相关约定或重新协商确定计量计价的规则,并签订相关新增工程合同或补充协议。

8.10.2 条明确了新增工程实施前提交资料报发包人审核,发包人应在合理时间内予以审定。

8.10.3 新增工程的分部分项工程项目清单采用合同单价的,可按本标准第8.7节、第8.8节规定的调整合同单价及按本标准第8.9节的计价规则确定,并满足下列差异因素所引起的价格影响的要求:

1. 合同单价内包括的人工费、材料费、施工机具使用费的单价与新增工程实施时市场合理价格的差异。

2. 合同单价对应的清单项目工程量与新增工程相关项目工程量的差异引起的批量或少量采购对人工费、材料费的影响。

3. 合同单价内存在的偏低或偏高单价的修正。

4. 招标市场竞争确定的合同单价与协商确定的新增工程综合单价之间的差异。

本条明确了新增工程分部分项工程项目清单参考原合同单价定价时应考虑的价格影响因素。

8.10.4 新增工程的措施项目费用,应包括承包人完成新增工程所需发生的下列费用

1. 增加的施工机具费,包括延期使用现有相关施工机具及新增施工机具的费用。

2. 增加的临时设施费,包括延期使用现有临时设施及新增工程专用临时设施的费用。

3. 增加的安全生产、文明施工、环境保护等措施费用。

4. 增加的与措施项目相关的现场管理人员费用。

5. 新增工程其他必要的措施项目费用。

本条明确了新增工程措施项目清单的定价方法。

措施项目服务于整个工程项目，新增工程所需措施项目可沿用原工程措施项目，但要考虑为完成新增工程导致原工程措施项目需要延期使用或需要额外自行设置的措施项目费用。

8.10.5 条明确了新增工程发生工程变更的计价规则。强调新增工程计价不宜用于单价合同和总价合同清单缺陷。

8.10.6 条明确了新增工程宜先签合同后施工。

8.10.7 条明确了新增工程不应影响原合同约定的合同工程工期、缺陷责任期、进度款支付、施工过程结算及其价款支付、竣工结算及其价款支付、误期赔偿费等。

8.11 工程索赔

8.11.1 条明确了属于合同价款调整规定的事件应按相应规定调整，不属于的事件可按本节处理。

工程索赔是指当事人一方因非己方的原因造成经济损失或工期延误（或延长），按照法律法规规定或合同约定，应由对方承担补偿义务，并向对方提出经济损失补偿和（或）工期调整及其他的要求。具体情况主要分为3类：因非发承包双方原因承包人可向发包人索赔的、因发包人原因承包人可向发包人索赔的、因承包人原因发包人可向承包人索赔的。

与"13规范"相比，本条为新增内容。

8.11.2 条明确了工程索赔的前提条件：

1）合同约定的期限内提出。
2）合理的理由和有效的依据、证明材料。
3）符合合同约定和法律法规规定。

与"13规范"9.13.1条相比，增加了"应在合同约定的期限内提出"，并要有"证明材料"。

8.11.3 条明确了承包人向发包人提出工程索赔的程序。

与"13规范"9.13.2条相比，"24标准"本条有以下变动：

1）"13规范"的9.13.2条内关于时间的约定均为"28天内"，本条均调整为"合同约定的期限（合同未约定的为28天）内"。
2）"13规范"约定从承包人"知道或应当知道"索赔事件发生开始计

算时间，本条明确为"索赔事件发生后"。

3)"13规范"约定承包人逾期未发出索赔意向通知书的，"丧失索赔的权利"，本条调整为"可按合同约定处理"。

4)"13规范"的"索赔通知书"调整为"工程索赔报告"，且以书面形式提交。

5)"13规范"约定索赔通知书应详细说明"索赔理由和要求，并附必要的记录和证明材料"。本条调整为工程索赔报告应详细说明"索赔发生的原因、索赔依据的合同条款及要求索赔的费用和（或）工期延长天数，并提供必要的记录和证明材料及索赔费用的计算明细表"。

6)本条新增要求索赔事件涉及费用增加及工期延长的一并提出。

7)"13规范"约定索赔事件具有连续影响的，承包人应继续提交延续索赔通知，说明连续影响和记录。本条调整为索赔事件具有连续影响的，承包人应按"合同约定的期限（合同未约定的不超过28天）或合理时间间隔"持续提交延续相关工程索赔意向通知书，并"列出累计的索赔费用和（或）工期延长天数"。

8)"13规范"最终索赔通知书需要说明最终索赔要求，并应附必要的证据和证明材料。本条调整为"详细说明整个索赔事件发生的原因、索赔依据的合同条款及要求索赔的合计费用或（和）工期延长天数"，并提供必要的记录和证明材料及"索赔费用的计算明细表"。

8.11.4 条明确了发包人向承包人提出的除误期赔偿费外其他工程索赔的程序和要求。

与"13规范"相比，本条为新增内容。

8.11.5 条明确了发包人处理承包人提出的工程索赔的程序和要求。

本条包含"13规范"的9.13.5条内容。"13规范"的9.13.5条与本条第3款均约定了索赔事件同时涉及费用及工期索赔的，发包人应一并审批。其他为新增内容。

8.11.6 条明确了承包人处理发包人提出的工程索赔的程序和要求。

本条包含"13规范"的9.13.9条内容。"13规范"的9.13.9条与本条第2款均约定了发包人可从支付给承包人的工程价款中扣除索赔费用。本条第1款为新增内容。

8.11.7 条明确了工期延误引起的索赔，索赔工期及费用的计算原则：

1. 索赔工期原则：工期延误引起索赔，索赔工期为合同工期实质性延长的时间，具体计算方法参照本标准 8.11.8 条。

2. 索赔费用原则：工期延长引起的费用索赔应以索赔事件为单位，每一件事项独立评估，完整计算费用，不考虑前期发生的工期延误对后期进行的工程造成相应延误的索赔。

与"13 规范"相比，本条为新增内容。

8.11.8 当发生工期延误事件时，可根据批准的施工进度计划，确定该事件是否发生在关键线路上，以及是否引起关键线路上的工期延误，发承包双方计算索赔工期应符合下列规定：

1. 延误事件为关键线路上的工作，则延误的时间为索赔的工期。

2. 延误事件为非关键线路上的工作，当该工作由于延误超出总时差而成为关键线路上的工作时，其延误时间与总时差的差值为索赔的工期。

3. 工期延误后事件仍为非关键线路上的工作，则不发生工期索赔。

本条明确了工期索赔的计算规则。

与"13 规范"相比，本条为新增内容。

8.11.9 条明确了非承包人原因，承包人可索赔损失和（或）工期的情形。

与"13 规范"相比，本条为新增内容。

8.11.10 条明确了发包人责任原因，承包人可索赔损失和（或）工期及利润的情形。

与"13 规范"相比，本条为新增内容。

8.11.11 因发包人的原因引起下列事件给承包人造成经济损失和（或）工期延长的，发包人应合理延长受影响的工期，并补偿给承包人造成的损失和（或）直接费用，不包括利润：

1. 按发包人或监理人的要求对材料和工程（包括已覆盖的隐蔽工程）进行重新检测、且检测结果质量合格引起的直接费用，以及修复受影响工程的费用。

2. 额外增加的检查、检验、试验等的直接费用。

3. 工程试运行失败引起的直接费用。

4. 其他情况的直接损失和（或）费用。

本条明确了因发包人原因引起的,承包人可索赔损失和(或)工期,不包括利润的情形。

与"13规范"相比,本条为新增内容。

8.11.12 条明确了不可抗力发生后,发承包双方损失承担的原则。依据《中华人民共和国民法典》第一百八十条:"因不可抗力不能履行民事义务的,不承担民事责任。法律另有规定的,依照其规定。不可抗力是不能预见、不能避免且不能克服的客观情况"的规定,发承包双方对于不可抗力事件的发生均没有过错。不可抗力发生后发承包双方确定费用和工期的索赔原则,即各自的损失各自承担,风险合理分担。

与"13规范"9.10.1、9.10.2条相比,增加了"发包人购买工程一切险及第三责任险和(或)合同另有约定外"。

本条的第2款增加了"措施项目的损坏、清理、修复费用,以及因承包人原因发生的第三方人员伤亡和财产损失应由承包人承担"。

"13规范"中9.10.1条的第4、5款合并为本条的第4款内容。

"13规范"中9.10.2条对应本条的第5款。

8.11.13 除合同另有约定及本标准第8.8节,第8.11.12条第4款、第5款规定外,因发生具有不可抗力性质的下列例外事件引起工期延误的,受影响的工期应相应顺延,发承包双方应各自承担相应的损失:

1. 动乱和暴动等类似事件(不包括工地现场发生的)。

2. 因国家及地方政府主管部门要求而必需的停工、暂停(暂缓)施工、间断施工或区域性施工管控造成的影响。

3. 国家及地方政府主管部门就安全、环保要求停止施工造成的影响。

4. 国家及地方政府主管部门就健康卫生防疫管控要求停止施工造成的影响。

本条明确了具有不可抗力性质的具体事件范围及相应责任承担原则。

与"13规范"相比,本条为新增内容。

8.11.14 条明确了不可抗力引起工期延长,且在延长工期内遭遇物价变化、法律法规及政策性变化的合同价格调整原则。

与"13规范"相比,本条为新增内容。

8.11.15 条明确了工期延误时遭遇不可抗力产生损失的处理原则。依据《中华人民共和国民法典》第五百九十条："当事人一方因不可抗力不能履行合同的，根据不可抗力的影响，部分或者全部免除责任，但是法律另有规定的除外。因不可抗力不能履行合同的，应当及时通知对方，以减轻可能给对方造成的损失，并应当在合理期限内提供证明。当事人迟延履行后发生不可抗力的，不免除其违约责任"的规定，本条文明确了工期延误导致遭遇不可抗力，不可抗力事件产生的损失由责任方承担；双方均有责任的，合理分担不可抗力事件产生的损失。

与"13 规范"相比，本条为新增内容。

8.11.16 条明确了在合同约定发包人负责购买工程一切险及第三者责任险（且保险范围涵盖施工机具、人员伤亡等）的情况下，针对发生本标准第 8.11.12 条规定时间时，发承包双方承担损失和增加费用的原则。其核心在于明确不同保险购买状况下，发承包双方在特定事件损失和费用承担方面的责任划分，以规范工程建设中保险理赔及费用分担问题。

与"13 规范"相比，本条为新增内容。

8.11.17 因提前竣工（赶工）事件引起的工程索赔，发承包双方可按下列原则承担相应费用，并调整合同价格和工期：

1. 发包人要求合同工程提前竣工的，承包人应制定合理的加快工程进度的措施并修订进度计划，经发包人同意后实施，由此增加的提前竣工费用（赶工补偿）应由发包人承担。

2. 非发包人要求，因承包人原因自行提前竣工的，应征得发包人的同意，由此增加的费用应由承包人承担。

本条明确了因提前竣工（赶工）事件引起的工程索赔的费用承担、调整合同价格和工期的原则。

与"13 规范"相比，删除"13 规范"中 9.11.1 条"招标人应依据相关工程的工期定额合理计算工期，压缩的工期天数不得超过定额工期的 20%，超过者，应在招标文件中明示增加赶工费用"和 9.11.3 条"发承包双方应在合同中约定提前竣工每日历天应补偿额度，此项费用应作为增加合同价款列入竣工结算文件中，应与结算款一并支付"。

本条第 1 款对应"13 规范"中"9.11 节提前竣工（赶工补偿）"的 9.11.2 条，新增本条第 2 款内容，明确了因提前竣工（赶工）事件导致的工程索赔的处理原则，强调因发包人原因发生提前竣工（赶工）事件的，发包人应承担相应费用。

8.11.18 因承包人原因发生下列事件，引起工期延误和（或）给发包人造成经济损失的，发包人可根据工期受影响延误的时间和（或）经济损失，提出下列一项或多项索赔：

1. 承包人未尽承包义务、未按合同约定执行发包人的工程指令等引起发包人发生的额外费用或额外支出。

2. 承包人不按合同要求履行对发包人提供材料、专业分包工程、直接发包的专业工程的总承包服务造成发包人的损失。

3. 承包人责任事件造成的发包人向政府部门缴纳的罚款或向第三方的赔偿费用。

4. 承包人原因引起合同工程发生误期造成发包人的损失。

5. 承包人完成的工程质量不符合合同约定要求引起发包人的损失。

6. 发包人可举证的上述费用之外的其他损失。

本条明确了因承包人的原因，发包人可索赔损失的情形，具体索赔方式可结合本标准第 8.11.19 条。

与"13 规范"相比，本条为新增内容。

8.11.19 因承包人原因引起发包人的损失，发包人可选择下列一项或多项方式获得补偿：

1. 延长质量缺陷保修期限。
2. 要求承包人支付受影响发生的额外费用。
3. 要求承包人支付误期赔偿费。
4. 要求承包人按合同的约定支付违约金。

本条明确了发包人向承包人索赔时可以选择的补偿方式。

与"13 规范"9.13.8 条相比，增加本条的第 3 款支付误期赔偿费内容。

8.11.20 条明确了发承包双方未采取措施导致损失扩大时的损失承担原则。依据《中华人民共和国民法典》第五百九十一条："当事人一方违约后，对方应当采取适当措施防止损失的扩大；没有采取适当措施致使损失扩大的，不得就扩大的损失请求赔偿。当事人因防止损失扩大而支出的合理费用，由违约方负担"的规定，本条明确索赔过程中双方应尽量避免和减少损失的扩大，责任方应对扩大的损失承担责任。

与"13规范"相比，本条为新增内容。

8.11.21 条明确了发承包双方应及时处理索赔事件。索赔的结论经发承包双方签署确认后作为进度款和结算的依据，发承包双方确认的相关索赔费用应在同期进度款、施工过程结算款中支付。

与"13规范"相比，本条为新增内容。

8.11.22 条明确了发承包双方提出索赔的时间期限。索赔工作应在竣工结算前提出和完成，竣工结算完成后双方不得再向对方提出索赔。本条提醒发承包双方注意索赔的时间期限，在索赔的期限内提出索赔事件相关内容。

与"13规范"9.13.6条相比，内容基本一致。

8.11.23 条明确了由索赔引起争议和合同解除的解决方法。发承包双方在合同履行中，对工程索赔存有争议的，发承包双方优先考虑通过友好协商解决，协商一致后签订相关的补充（和解）协议。如果经协商不能达成一致意见的，按本标准合同价款争议的解决相关规定处理；引起合同解除的，按本标准合同解除结算的相关规定处理。

与"13规范"相比，本条为新增内容。

9 合同价款期中支付

本章与"13规范"第10章相对应。"13规范"共3节24条，"24标准"共4节38条。"24标准"新增加了小节"9.1 一般规定"，共14条内容。"13规范"中"10.2 安全文明施工费"修改为"24标准"的"9.3 安全生产措施费"。

9.1 一般规定

9.1.1 条明确了合同价款期中支付的原则。发承包双方应在合同中对合同价款期中支付做出具体、明确的约定。

与"13规范"相比，本条为新增内容。

9.1.2 条明确了提交期中价款支付申请的时间要求。

与"13规范"相比，本条为新增内容。

9.1.3 条明确了总承包人对专业分包人提交期中价款支付申请有协调的责任和义务。专业分包人按分包合同约定提交期中价款支付申请，如未约定的专业分包人与承包人协商确定。

与"13规范"相比，本条为新增内容。

9.1.4 条明确了专业分包人提交期中价款支付时，承包人未发生期中价款支付的，承包人应及时将专业分包人期中价款支付申请提交给发包人。

与"13规范"相比，本条为新增内容。

9.1.5 条明确了发承包双方及专业分包人应在合同约定的付款核定日或之前对现场累计完成进度进行确认。

与"13规范"相比，本条为新增内容。

9.1.6 条明确了当期应付进度款的计算方法：

当期应付进度款＝〔累计已完成工程总值（包括已确认的合同价格调整价款）×支付比例－累计预付款扣回（包括当期扣回价款）－前期累计已支付进度款〕－发包人累计扣除的款项（不含预付款扣回）

与"13规范"相比，本条为新增内容。

9.1.7 条明确了发承包双方应按合同约定的支付比例，若无约定，支付比例不宜低于累计完成工程总值的80%。

依据《关于完善建设工程价款结算有关办法的通知》（财建〔2022〕183号）中第一条提高建设工程进度款支付比例，要求政府机关、事业单位、国有企业建设工程进度款支付应不低于已完成工程价款的80%。

与"13规范"相比，本条为新增内容。

9.1.8 条明确了前期累计已支付进度款应按上一期进度款支付证书所列明的累计应付进度款计算，不按实际支付金额考虑。

与"13规范"相比，本条为新增内容。

9.1.9 条明确了建筑工人工资的计算方法，并单独列出当期应支付的建筑工人工资价款，承包人应按相关规定及时支付，不得挪作他用。

与"13规范"相比，本条为新增内容。

9.1.10 发包人在发出当期进度款支付证书前，应将拟发出的当期进度款支付证书提交给承包人确认，承包人应按下列规定进行确认或提出修正意见：

1. 如对当期进度款支付证书没有异议，承包人应在约定时间内向发包人提交书面确认。

2. 如对当期进度款支付证书存有异议，承包人应在约定时间内向发包人提交书面的复核报告，并说明有权获得应予支付的缺漏项目及其价款、累计完成工程总值计算存在的价款差异、当期应付进度款中存在的计算错误等，并在约定时间内与发包人进行核对。

本条明确了承包人对进度款支付证书的确认、修正的程序及原则。

与"13规范"相比，本条为新增内容。

9.1.11 条明确了发包人应按合同约定支付当期进度款。

依据《中华人民共和国民法典》第八百零七条："发包人未按照约定支付价款的，承包人可以催告发包人在合理期限内支付价款。"

与"13规范"相比，本条为新增内容。

9.1.12 条明确了若签发的进度款存在问题，发承包人均有权提出修正申请，经双方同意修正的进度款，应在下期进度款中支付或扣除。

与"13规范"10.3.13条相比，"13规范"中"在本次到期的进度款中支付或扣除"修改为本条"在下一期的进度款支付中支付或扣除"。

9.1.13 条明确了专业分包工程进度款支付的相关程序。

与"13规范"相比，本条为新增内容。

9.1.14 条明确了若承包人未提交期中支付申请，发包人为保障项目的顺利实施与推进，可按累计已完的工程价款及合同调整价款进行期中价款支付，但该暂付价款不得作为工程结算和索赔的依据。

与"13规范"相比，本条为新增内容。

9.2 预付款

9.2.1 条明确了发包人不得向承包人收取预付款利息，明确预付款专用的范围：预付款是发包人为解决承包人在施工准备阶段资金周转问题提供的协助，预付款应专款专用，用于承包人为合同工程施工前所需进行的工作。

与"13规范"10.1.1条相比，新增发包人应按合同约定支付预付款，且不应收取预付款利息。

9.2.2 条明确了发承包双方应在合同中约定预付款支付比例，预付款比例应符合相关规定,且预付款计算依据的合同价款不含暂列金额、计日工价款及专业工程暂估价。

财政部、住房城乡建设部印发的《建设工程价款结算暂行办法》(财建〔2004〕369号)第十二条(一)款:"包工包料工程的预付款按合同约定拨付,原则上预付比例不低于合同金额的10%,不高于合同金额的30%"的规定。

与"13规范"10.1.2条相比,由"包工包料工程"修改为"合同工程",取消了"13规范"中的支付比例,修改为依据合同约定支付比例支付,并明确了预付款的计算基础。

9.2.3 条明确了跨年度实施的重大工程预付款方式,跨年度施工的重大工程的预付款可按年度工程计划逐年预付。

财政部、住房城乡建设部印发的《建设工程价款结算暂行办法》(财建〔2004〕369号)第十二条(一)款:"对重大工程项目,按年度工程计划逐年预付"中规定,跨年度实施的重大工程的预付款可按年度工程计划逐年预付的支付方式,按照年度计划中应完成的工程合同价款总额(扣除暂列金额、计日工价款及专业工程暂估价)及约定比例支付。

与"13规范"相比,本条为新增内容。

9.2.4 条明确了发承包双方预付款支付申请提交、审核、支付的程序及发包人未按合同约定支付预付款的责任后果。

财政部、住房城乡建设部印发的《建设工程价款结算暂行办法》(财建〔2004〕369号)第十二条(二)款:"在具备施工条件的前提下,发包人应在双方签订合同后的1个月内或不迟于约定的开工日期前的7天内预付工程款,发包人不按约定预付,承包人应在预付时间到期后10天内向发包人发出要求预付的通知,发包人收到通知后仍不按要求预付,承包人可在发出通知14天后停止施工,发包人应从约定应付之日起向承包人支付应付款的利息(利率按同期银行贷款利率计),并承担违约责任。"

与"13规范"10.1.3条~10.1.5条相比,收到支付申请7天内核实及签发支付证书后7天内支付预付款修改为按合同约定时间申请、核实、支付。

9.2.5 条明确了有预付款保函的情况下预付款的支付流程。

可以使用银行保函、担保保函等形式，具体由合同当事人在专用合同条款中约定。

与"13规范"10.1.3条相比，内容基本一致。

9.2.6条明确了预付款的扣回方式及采用一次扣回或分次扣回时预付款的扣回方法。

与"13规范"10.1.6条、10.1.7条相比，细化了预付款的扣回方式，增加了提前解除合同时尚未扣回的预付款应在合同终止结算时全部扣回。

9.3 安全生产措施费

9.3.1条明确了安全生产措施费应符合的规定，安全生产措施费应专款专用，并满足国家及省级、行业建设主管部门规定和地方有关部门及工程项目的安全生产要求。

与"13规范"10.2.1条相比，将"应符合国家有关文件和计量规范的规定"修改为"应符合合同约定和国家及省级、行业主管部门有关文件及工程量计算标准的规定"。

9.3.2条明确了安全生产措施费应在工程开工后28天内支付不低于安全生产措施费总额的50%，其余部分应按照提前安排的原则进行分解，并与工程进度款同期支付。发承包双方在计算应付工程进度款时，不应扣回预付的安全生产措施费。

依据《企业安全生产费用提取和使用管理办法》（财资〔2022〕136号）第十八条："建设单位应当在合同中单独约定并于工程开工日一个月内向承包单位支付至少50%企业安全生产费用。总包单位应当在合同中单独约定并于分包工程开工日一个月内将至少50%企业安全生产费用直接支付分包单位并监督使用，分包单位不再重复提取。工程竣工决算后结余的企业安全生产费用，应当退回建设单位。"

与"13规范"10.2.2条相比，将"不低于当年施工进度计划的安全文明施工费总额的60%"修改为"不低于安全生产措施费总额的50%给承包人"，增加了跨年度实施重大工程的安全生产措施费支付方式。

9.3.3条明确了发包人应按约支付安全生产措施费，承包人在催告后仍未获得安全生产措施费时，有暂停施工的权力。

与"13规范"10.2.3条相比,将"发包人在付款期满后的7天内仍未支付的,若发生安全事故,发包人应承担相应责任"修改为"发包人在催告后的约定时间内仍未支付的,承包人有权暂停施工,发包人应承担违约责任。"

9.3.4条确保安全生产措施费的正确使用,防止资金被滥用或挪用,若承包人不遵守,发包人有权纠正,并由承包人承担责任。

依据《企业安全生产费用提取和使用管理办法》(财资〔2022〕136号)第四条企业安全生产费用管理遵循的原则。

与"13规范"10.2.4条相比,将"造成的损失和延误的工期应由承包人承担"修改为"可责令其暂停施工,由此增加的费用和(或)延误的工期由承包人承担。"

9.4 进度款

9.4.1条明确了发承包双方进度款计量与支付周期按合同约定支付,合同约定不明的可以月为单位分期计量与支付。

与"13规范"10.3.1条、10.3.2条相比,增加了通过工程形象进度节点和计量周期对已完工程进行计量和支付,若无约定周期可按月支付。

9.4.2条明确了单价合同中累计进度款的工程量可重新计量和分部分项工程项目清单进度款计算方式。

与"13规范"10.3.3条相比,将"工程计量确认的工程量"修改为"重新计量确定累计完成的相应清单项目工程量"。

9.4.3条明确了总价合同中分部分项工程项目清单进度款计算方式。

与"13规范"10.3.4条相比,将"承包人按合同中约定的进度款支付分解"修改为"依据发承包双方确认的清单项目累计已完成工程量占合同清单中相应的清单项目的总工程量的比例"。

9.4.4条明确了措施项目进度款计算方式。其中安全生产措施费应按合同约定分解计划计算进度款,如合同没约定的,可按累计完成分部分项工程项目清单合价占分部分项工程项目清单总价的比例,乘以扣减安全生产措施费预付款后的安全生产措施项目总额计算其累计进度款。

1. 合同中有约定的,按发承包双方约定的支付分解方式计算累计完成的措施项目进度款。

2. 约定不明的,可按累计完成分部分项工程量总价占清单总价的比例计算累计完成的措施项目进度款。

与"13规范"相比,本条为新增内容。

9.4.5 条明确了其他项目的进度款计算方式,包括总承包服务、专业工程暂估价、计日工、暂列金额等。

总承包服务费累计进度款计算需区分总价计价及费率计价两种计价方式,总价计价的按专业工程完成比例乘以相应总承包服务费计算。费率计价的按实际已完成专业工程进度款乘以相应费率计算。

专业工程暂估价、计日工、暂列金额均按已完累计完成的进度款计算。

与"13规范"相比,本条为新增内容。

9.4.6 条明确了合同价款调整金额应在当期支付,而不是在结算时再考虑。

与"13规范"10.3.6条相比,将"承包人现场签证和得到发包人确认的索赔金额"调整为"发承包双方确认的按本标准第8章规定计算的合同价款调整金额"列入进度款中。

9.4.7 条明确了进度款与合同价款增值税的计算方法相同,都是以分部分项工程项目清单、措施项目清单、其他项目清单(专业工程暂估价除外)的合计金额作为计算基础。进度款应计算增值税。

与"13规范"相比,本条为新增内容。

9.4.8 条明确了进度款和当期累计已完成工程总值按本标准的相关规定计算。

与"13规范"相比,本条为新增内容。

9.4.9 承包人应在合同约定的每个计量周期及付款核定日或之前及时向发包人提交已完工程进度款支付申请,说明本期认为应得到的价款,包括建筑工人工资的申请金额和专业分包人已完工程的进度款,并附上计算依据。支付申请应包括下列内容:

1. 累计完成工程总值:(1)累计完成合同清单的价款;(2)累计发生工程量清单缺陷调整价款(包括单价合同的重新计量调整价款、总价合同的暂定数量调整价款);(3)累计发生暂列金额价款(用于本标准第2.0.13条规定未能完全预见或详细说明的工程、服务);(4)累计发生暂估价调整价款（包括材料暂估价、承包人实施的专业工程暂估价）；（5）累计发生总承包服务费调整价款；（6）累计发生计日工价款；（7）累计发生物价变化调整价款；（8）累计发生法律法规及政策性变化调整价款；（9）累计发生工程变更价款；（10）累计发生新增工程价款；（11）累计发生工程索赔价款。

2. 累计已扣回预付款（包括当期扣回价款）。

3. 累计应付进度款。

4. 前期累计支付进度款。

5. 发包人应扣除的价款。

6. 本期应付进度款。

本条细化了进度款支付申请的内容分类及要求。

与"13规范"10.3.8条相比，"24标准"强调了"合同约定"。"13规范"提交已完工程进度款支付申请是在"计量周期到期后7天内"，"24标准"为"合同约定的每个计量周期及付款核定日或之前"。"24标准"细化了累计已完成工程总值的内容，删减了"本周期合计完成的合同价款""本周期合计应扣减金额"内容，"24标准"将本期完成、本期应扣减进度款并入"累计"中，增加了"包含建筑工人工资的申请金额和专业分包人已完工程的进度款""累计应付进度款""累计已扣回预付款（包括当期扣回价款）"等内容。

9.4.10 条明确了进度款计算、申请、确认或核对、支付等程序，明确发承包双方应承担的相应责任及义务。

与"13规范"相比，本条为新增内容。

9.4.11 条明确了支付进度款的程序及双方有争议时的处理办法。进度款支付无争议时全额支付，有争议时支付无争议部分。

与"13规范"10.3.9条、10.3.10条相比，由"14天内"修改为"合理时间内"，其他内容基本一致。

9.4.12 条明确了发包人未按约定支付进度款的，承包人可向发包人索赔。

与"13规范"10.3.11条、10.3.12条相比，删减了"承包人向发包人发出催告付款通知"环节，明确不按合同约定支付进度款或逾期不支付的，承包人可直接向发包人索赔。

9.4.13 条明确了发承包双方应对每个计量周期的历次计量进行核对，在承包人完成履行合同义务后进行汇总及签署确认。

与"13规范"相比,本条为新增内容。

9.4.14 条明确了应在工程进度款支付文件或相应的文件中明确说明粗略计算的进度款仅用于进度款支付,不作为工程结算依据。

与"13规范"相比,本条为新增内容。

10 工程结算与支付

本章与"13规范"第11章相对应。"13规范"共6节35条,本章共5节52条。章节名称由"竣工结算与支付"修改为"工程结算与支付",增加了"施工过程结算"共12条,取消了"编制与复核"。

本章明确了施工过程结算、竣工结算、合同解除(中止)结算等相关事项,旨在保障各类工程结算与支付的顺利实施。

10.1 一般规定

10.1.1 条明确了工程结算应按合同约定计价方式、在约定时限内完成。

与"13规范"11.1.1条相比,由"合同约定时间内办理工程竣工结算"修改为"合同约定的时限、计价方式办理工程结算"。

10.1.2 条明确了发承包双方是工程结算编制与核对的责任主体,当双方对结算文件有异议且不能达成一致时的处理办法。

工程结算由承包人方编制,由发包人方审核,发承包双方或一方对结算文件质量有异议且经协商仍不能达成一致意见时,可按合同约定处理。本条提示对于争议的处理,合同应有约定。

与"13规范"11.1.2条、11.1.3条相比,由"可向工程造价管理机构投诉,申请对其进行执业质量鉴定"修改为"可按合同约定处理"。

10.1.3 条明确了施工过程结算需按合同约定的节点、程序和方法进行计量与支付。

与"13规范"相比,本条为新增内容。

10.1.4 条明确了合同工程整体竣工验收合格后,发承包双方应按合同约定的结算期办理工程竣工结算。

依据《中华人民共和国民法典》第七百九十九条："建设工程竣工后，发包人应当根据施工图纸及说明书、国家颁发的施工验收规范和质量检验标准及时进行验收。验收合格的，发包人应当按照约定支付价款，并接收该建设工程。"

与"13规范"相比，本条为新增内容。

10.1.5 条明确了分期竣工验收的工程办理竣工结算时，从竣工验收合格之日起计算其保修期，并按本标准相关规定办理工程保修与结清。

同样依据《中华人民共和国民法典》第七百九十九条。

与"13规范"相比，本条为新增内容。

10.1.6 条明确了在办理结算过程中发承包双方应按合同约定完成合同价款调整的申报及核对。

与"13规范"相比，本条为新增内容。

10.1.7 条明确了承包人未按合同约定办理工程结算的处理办法。承包人未按要求提交且催告后仍未提交结算文件时，发包人可按规定编制结算文件，承包人应在合同约定期限内完成复核及确认。

与"13规范"相比，本条为新增内容。

10.1.8 条明确了承包人有权选择同时或单独提交合同工程与新增工程的结算文件，并强调发包人不得以承包人未提交新增工程结算文件或双方未就该部分达成一致为由，延迟合同范围工程的结算审核及付款义务，确保合同工程结算的独立性。

与"13规范"相比，本条为新增内容。

10.1.9 条明确了发承包双方在施工过程结算或竣工结算争议协商未果时，应通过合同约定的争议解决程序（如争议评审、调解、仲裁与诉讼）处理方法。

与"13规范"相比，本条为新增内容。

10.2 施工过程结算

10.2.1 施工过程结算编制应满足下列依据的要求：

1. 工程施工合同文件及补充协议（包括已标价工程量清单及投标报价澄清或说明文件）。

2. 本标准和相关工程国家及行业工程量计算标准。

3. 合同图纸、实际施工图纸及相关工程勘察与设计资料。

4. 合同规范、发包人在施工过程中补充的技术规范。

5. 工程投标文件、招标文件。

6. 经批准或确认的工程变更、计日工、工程索赔等资料。

7. 发承包双方已确认计入当期施工过程结算的工程量及其价款。

8. 发承包双方已确认计入当期施工过程结算的合同调整价款。

9. 其他相关依据及资料。

本条明确了施工过程结算的编制依据。

与"13 规范"相比，本条为新增内容。

10.2.2 条明确了已确认的合同价款调整金额应列入当期施工过程结算，同期支付。

与"13 规范"相比，本条为新增内容。

10.2.3 条明确了经发承包双方签署确认的施工过程结算文件应作为工程竣工结算文件的组成部分，施工过程结算文件中列支的措施费和总承包服务费不应作为竣工结算的依据，应重新核算。

依据财政部、住房城乡建设部印发的《关于完善建设工程价款结算有关办法的通知》（财建〔2022〕183 号）中内容："当年开工、当年不能竣工的新开工项目可以推行过程结算。发承包双方通过合同约定，将施工过程按时间或进度节点划分施工周期，对周期内已完成且无争议的工程量（含变更、签证、索赔等）进行价款计算、确认和支付，支付金额不得超出已完工部分对应的批复概（预）算。经双方确认的过程结算文件作为竣工结算文件的组成部分，竣工后原则上不再重复审核。"

与"13 规范"相比，本条为新增内容。

10.2.4 条明确了施工过程结算价款的支付比例应在合同中约定，不应低于当期施工过程结算价款总额的 80%。

与"13 规范"相比，本条为新增内容。

10.2.5 条明确了施工过程结算中措施项目费计算方式。有约从约，无约按过程结算清单合价占合同清单总价的比例乘以合同工程措施项目费用总价确定。

与"13规范"相比,本条为新增内容。

10.2.6 条明确了总承包服务费在计算施工过程结算时的计算方式。

与"13规范"相比,本条为新增内容。

10.2.7 条明确了施工过程结算时的措施项目费用和总承包服务费不作为工程竣工结算价款确定的依据,在竣工结算时应重新计算。

与"13规范"相比,本条为新增内容。

10.2.8 条明确了施工过程结算应由承包人提交,承包人未提交且经发包人催告后仍未提交或没有明确答复的,发包人可编制施工过程结算文件,经承包人确认或在约定时间内没有明确答复的,可做为支付工程过程结算价款的依据。

与"13规范"相比,本条为新增内容。

10.2.9 条明确了施工过程验收需要提交质量合格证明等验收资料,且不能代替竣工验收,不影响质保期。

依据《中华人民共和国民法典》第七百九十九条:"建设工程竣工后,发包人应当根据施工图纸及说明书、国家颁发的施工验收规范和质量检验标准及时进行验收。验收合格的,发包人应当按照约定支付价款,并接收该建设工程。"

与"13规范"相比,本条为新增内容。

10.2.10 施工过程结算价款确认后,承包人应向发包人提交施工过程结算款支付申请。支付申请应包括下列内容:

1. 累计已完成的施工过程结算款:(1)累计已完成的分部分项工程项目费的金额;(2)累计已完成的措施项目费的金额;(3)累计已完成的其他项目费的金额(包括用于本标准第2.0.13条规定未能完全预见或详细说明的工程、服务的暂列金额);(4)累计已完成合同价款调整的金额;(5)累计应计算的增值税。

2. 累计已支付的施工过程结算款。

3. 本期合计应扣减的金额:(1)本期应扣回的预付款;(2)本期应扣回的已支付进度款;(3)本期发包人应扣减的金额。

4. 本期应支付的施工过程结算款。

本条明确了施工过程结算款的申请内容及列项要求。

与"13规范"相比，本条为新增内容。

10.2.11 条明确了施工过程结算价款支付申请的核实、签发、支付可按本标准相关规定执行。

与"13规范"相比，本条为新增内容。

10.2.12 条明确了发包人逾期未支付施工过程结算款时，承包人有权催告其履行付款义务并可向其索赔。

依据《中华人民共和国民法典》第八百零七条："发包人未按照约定支付价款的，承包人可以催告发包人在合理期限内支付价款。发包人逾期不支付的，除根据建设工程的性质不宜折价、拍卖外，承包人可以与发包人协议将该工程折价，也可以请求人民法院将该工程依法拍卖。建设工程的价款就该工程折价或者拍卖的价款优先受偿。"

与"13规范"相比，本条为新增内容。

10.3 竣工结算

10.3.1 条明确了竣工结算的编制依据及办理时间要求。

与"13规范"11.3.1条相比，将"应在提交竣工验收申请的同时向发包人提交竣工结算文件"修改为"在约定的时间内编制、核对"，新增了编制依据的要求。

10.3.2 工程竣工结算价款项目列项应符合下列规定，并应按其顺序编制相关的工程竣工结算文件：

1. 合同清单总价。
2. 工程量清单缺陷调整价款。
3. 暂列金额调整价款（用于本标准第2.0.13条规定未能完全预见或详细说明的工程、服务）。
4. 暂估价调整价款：（1）材料暂估价调整价款；（2）专业工程暂估价调整价款（适用于总承包合同）。
5. 总承包服务费调整价款（适用于总承包合同）。
6. 计日工调整价款。
7. 物价变化调整价款。
8. 法律法规及政策性变化调整价款。

9. 工程变更增减价款。

10. 新增工程价款。

11. 工程索赔价款。

12. 不按合同约定履行的违约金。

13. 其他价款（如有）。

本条明确了竣工结算文件的构成。

与"13规范"相比，本条为新增内容。

10.3.3 工程竣工结算时，发承包双方应对施工过程结算文件的措施项目费用和总承包服务费重新计算确定，并应符合下列规定：

1. 措施项目费用应按本标准第7.3节、第8章的规定计算完成工程所含的全部措施项目费用，包括安全生产措施费的调整费用。施工过程结算中列支的措施项目费用不应作为工程竣工结算的依据。

2. 总承包服务费应按本标准第8.5节的规定计算完成所有专业分包工程、直接发包的专业工程、发包人提供材料的总承包服务费。施工过程结算中列支的总承包服务费不应作为工程竣工结算的依据。

本条明确了工程竣工结算时措施项目费用和总包服务费重新计算的规则。

与"13规范"相比，本条为新增内容。

10.3.4 条明确了承包人编制并向发包人提交完整的工程竣工结算文件的基本要求。

与"13规范"相比，本条为新增内容。

10.3.5 条明确了承包人未在约定的时间内提交竣工结算文件的处理方法。

承包人未提交且经发包人催告后仍未提交或没有明确答复的，发包人可编制竣工结算文件，经承包人确认或在约定时间内没有明确答复的，可作为办理竣工结算和支付结算款的依据。

与"13规范"11.3.1条相比，将"13规范"中要求"14天内"修改为"约定的时间内"，增加了"提请承包人确认"的流程。

10.3.6 条明确了发承包双方办理竣工结算的核对、补充、再次提交复核的流程。

与"13规范"11.3.2条相比，由"28天内"修改为"约定时间内"。

10.3.7 发包人在收到承包人再次提交的竣工结算文件后，应在约定时间内予以复核，并将复核结果通知承包人，且应遵守下列规定：

1. 发承包双方对复核结果无异议的，应在约定时间内在工程竣工结算文件上签字并盖章确认，竣工结算确认完毕。

2. 发包人或承包人对复核结果存有异议的，无异议部分应按本条第1款的规定办理不完全竣工结算；有异议部分应由发承包双方协商解决，协商达不成一致意见的，可按本标准第11章规定的争议解决方式处理。

本条明确了发包人复核竣工结算文件无异议和存有异议的处理办法。

与"13规范"11.3.3条相比，由"28天内予以复核"修改为"在约定时间内"，将"应在7天内，在竣工结算文件上签字确认"修改为"在约定时间在工程竣工结算文件上签字并盖章确认"。

10.3.8 条明确了发包人未按合同约定核对竣工结算或未提出核对意见的责任后果。

财政部、住房城乡建设部印发的《建设工程价款结算暂行办法》（财建〔2004〕369号）第十六条："发包人收到竣工结算报告及完整的结算资料后，在本办法规定或合同约定期限内，对结算报告及资料没有提出意见，则视同认可。"

与"13规范"11.3.4条相比，由"应在28天内"修改为"在约定时间内"。

10.3.9 条明确了承包人未按合同约定确认发包人提出的核对（或复核）意见也未提出异议的的责任后果。

与"13规范"11.3.5条相比，由"28天内"修改为"在约定时间内"。

10.3.10 条明确了发包人委托工程造价咨询人核对竣工结算的结果与承包人竣工结算文件不一致时的处理办法。

与"13规范"11.3.6条相比，由"应在28（14）天内"修改为"在约定时间内"，增加了将复核结果同时抄送发包人。

10.3.11 条明确了竣工结算发承包双方无异议后应签字并盖章确认，若有不签认的，应承担由此造成的损失。

与"13规范"11.3.7条相比，取消了具体的违约措施，修改为"承担由此造成的损失"。

10.3.12 条明确了发承包双方签字并盖章确认后的工程竣工结算的唯一性。

与"13规范"11.3.8条相比,由"另一个或多个工程造价咨询人"修改为"其他工程造价咨询人"。

10.3.13 条明确了因承包人原因导致工程质量不合格的处理程序及结算办理。本条依据《中华人民共和国民法典》第八百零一条:"因施工人的原因致使建设工程质量不符合约定的,发包人有权请求施工人在合理期限内无偿修理或者返工、改建。经过修理或者返工、改建后,造成逾期交付的,施工人应当承担违约责任。"

与"13规范"相比,本条为新增内容。

10.3.14 条明确了发包人对工程质量有异议时的处理办法:

1. 已验收或未验收、发包人擅自使用的工程,质量争议按保修条款处理,结算依合同执行。

2. 未验收、未使用或停工的工程,双方委托专业机构检测,依检测结果或监管意见处理争议部分,无争议部分正常结算。

与"13规范"11.3.9条相比,内容基本一致。

10.3.15 工程竣工结算价款确认后,承包人应根据竣工结算文件向发包人提交竣工结算价款支付申请,办理竣工结算。支付申请应包括下列内容:

1. 工程竣工结算价款总额。

2. 累计已实际支付的金额。

3. 应预留的质量保证金(已提供其他工程质量保证方式的除外)。

4. 实际应支付的竣工结算款金额。

本条明确了承包人提交的竣工结算价款支付申请应包括的内容。

与"13规范"11.4.1条相比,增加了"工程竣工结算价款确认后"的前提。

10.3.16 条明确了竣工结算支付处理规则:发包人应在规定时限内核实并签发支付证书;逾期未处理的视为认可申请,须按申请规定时间内支付结算款。

与"13规范"11.4.2条~11.4.4条相比,将具体天数修改为"约定时间内"。

10.3.17 条明确了发包人未按合同约定支付竣工结算款的,承包人可催告发包人支付,并可按本标准相关规定向发包人索赔。

与"13规范"11.4.5条相比,"24标准"取消了"有权获得延迟支付的利息";未按约定支付竣工结算款,承包人可催告并可按本标准8.11.9条的规定向发包人索赔。

10.4 合同解除结算

10.4.1条明确了合同解除的原则。合同终止是合同权利、义务关系停止的状态,双方达成一致可解除。体现公平原则。

与"13规范"12.0.1条相比,内容基本一致。

10.4.2条细化了因不可抗力解除合同需办理结清的事项。

本条依据《中华人民共和国民法典》第五百六十三条中规定若当事人因不可抗力致使不能实现合同目的,可以随时解除合同,但是应当在合理期限之前通知对方。

与"13规范"12.0.2条相比,增加了"发包人要求承包人退货或解除订货合同而产生的费用,或因不能退货或解除合同而产生的损失""发包人应扣减承包人的价款""发承包双方协商确定的其他价款"。将"13规范"中"56天内"修改为"约定时间内"。

10.4.3条明确了因承包人原因解除合同应承担的违约责任。承包人违约解除合同处理规则:

1. 发包人可暂停付款,解除后须在约定期限内核算已完工程价款、材料款及索赔金额,双方确认后结算。

2. 结算争议按争议解决条款处理。

3. 承包人仍须承担已完工程质量保证责任。

与"13规范"12.0.3条相比,由"发包人应暂停"修改为"发包人可暂停",将具体天数修改为"约定时间内",增加了"发包人同意解除合同的""因承包人违约解除合同的,不应免除承包人对其已完工程的质量保证责任"。

10.4.4条明确了因发包人原因解除合同应承担的违约责任。协商不能达成一致意见的,可按本标准相关规定的争议解决方式处理。

与"13规范"12.0.4条对比,将具体天数修改为"约定时间内"。

10.5 工程保修与结清

10.5.1 条明确预留质保金或保函上限不得超过工程结算总价的3%;可采用多种保证方式;保证金与保证担保、工程质量保险等其他保证方式不得同时使用。

本条制定依据住房城乡建设部、财政部印发的《建设工程质量保证金管理办法》(建质〔2017〕138号)中第二条:"建设工程质量保证金是指发包人与承包人在建设工程承包合同中约定,从应付的工程款中预留,用以保证承包人在缺陷责任期内对建设工程出现的缺陷进行维修的资金"和第五条"推行银行保函制度,承包人可以银行保函替代预留保证金"以及第六条"在工程项目竣工前,已经缴纳履约保证金的,发包人不得同时预留工程质量保证金。采用工程质量保证担保、工程质量保险等其他保证方式的,发包人不得再预留保证金",还有第七条"发包人应按照合同约定方式预留保证金,保证金总预留比例不得高于工程价款结算总额的3%,合同约定由承包人以银行保函替代预留保证金的,保函金额不得高于工程价款结算总额的3%";以及《关于完善建设工程价款结算有关办法的通知》(财建〔2022〕183号):"提高建设工程进度款支付比例"和"同时,在确保不超出工程总概(预)算以及工程决(结)算工作顺利开展的前提下,除按合同约定保留不超过工程价款总额3%的质量保证金外,进度款支付比例可由发承包双方根据实际情况自行确定"。

与"13规范"11.5.1条相比,明确了质保金比例及其他多种保证方式。

10.5.2 条明确了缺陷责任期内承包人原因造成的缺陷和(或)损坏,由承包人负责。

与"13规范"相比,本条为新增内容。

10.5.3 条明确了缺陷责任期承包人违约处理规则:

1. 承包人原因导致缺陷/损坏且催告后未修复的,发包人可自行修复,费用由承包人承担(从质保金或保函扣除)。

2. 费用超出保证金额的,发包人可按本标准第8.11.18条的规定索赔。

与"13规范"11.5.2条相比,将"发包人有权从质量保证金中扣除用于缺陷修复的各项支出"修改为"发包人可从质量保证金或质量担保保函中扣除",增加了"费用超出保证金额的,发包人可按本标准第 8.11.18 条的规定向承包人索赔。"

10.5.4 条明确了缺陷责任期内因非承包人原因造成的缺陷和(或)损坏,由发包人负责,费用由发包人承担。

本条制定依据住房城乡建设部、财政部印发的《建设工程质量保证金管理办法》(建质〔2017〕138 号)第九条:"缺陷责任期内,由承包人原因造成的缺陷,承包人应负责维修,并承担鉴定及维修费用。如承包人不维修也不承担费用,发包人可按合同约定从保证金或银行保函中扣除,费用超出保证金额的,发包人可按合同约定向承包人进行索赔。承包人维修并承担相应费用后,不免除对工程的损失赔偿责任。由他人原因造成的缺陷,发包人负责组织维修,承包人不承担费用,且发包人不得从保证金中扣除费用。"

与"13 规范"11.5.2 条相比,将"工程缺陷属于发包人原因造成的"修改为"因非承包人原因造成的缺陷和(或)损坏",增加了"所发生的费用发包人不应从承包人的质量保证金中扣除"。

10.5.5 条明确了缺陷责任期终止后承包人提交最终结清申请(含质保金/保函、修复费用、结清款),发包人返还质保金/保函,且不计利息。

本条制定依据住房城乡建设部、财政部印发的《建设工程质量保证金管理办法》(建质〔2017〕138 号)第十条:"缺陷责任期内,承包人认真履行合同约定的责任,到期后,承包人向发包人申请返还保证金。"

与"13 规范"相比,本条为新增内容。

10.5.6 条明确了最终结清款的计算方式及质量保证金不足时,承包人应承担不足部分的补偿责任。

与"13 规范"11.6.6 条相比,增加了"如有尚未付清的工程结算价款也应在最终结清款中一并结清。"

10.5.7 条明确了发包人对结清申请有异议时可要求承包人进行修正和提供补充资料,承包人应向发包人提交修正后的最终结清申请书。

与"13 规范"11.6.1 条相比,内容基本一致。

10.5.8 条明确了发包人应在约定时间内确认承包人的最终结清申请书,并签发最终结清支付证书;如发包人未核对且未提出意见,视为同意和已签发最终结清支付证书。

与13规范11.6.2条、11.6.4条相比,由"14天内"修改为"约定时间内",突出了"有约从约"的原则。

10.5.9条明确了发包人逾期支付应按合同约定或法律法规规定承担违约责任。

本条制定依据住房城乡建设部、财政部印发的《建设工程质量保证金管理办法》(建质〔2017〕138号)第十一条:"发包人在接到承包人返还保证金申请后,应于14天内会同承包人按照合同约定的内容进行核实。如无异议,发包人应当按照约定将保证金返还给承包人。对返还期限没有约定或者约定不明确的,发包人应当在核实后14天内将保证金返还承包人,逾期未返还的,依法承担违约责任。"

与"13规范"11.6.3条、11.6.5条相比,由"14天内"修改为"约定时间内",将"有权获得延迟支付的利息"修改为"应按合同约定或法律法规规定承担违约责任。"

10.5.10条明确了承包人对发包人支付的最终结清款有异议的,可按本标准相关规定的争议解决方式处理。

与"13规范"11.6.7条相比,内容基本一致。

11 合同价款争议的解决

与"13规范"相比,"13规范"共5节19条;"24标准"共4节32条,主要变化内容:

1. 取消"13规范"中"13.1监理或造价工程师暂定"和"13.2管理结构的解释或认定"。

2. "13规范"中"13.3协商和解"细化为本章"11.1一般规定内容"。

3. 增加本章"11.2争议评审相关内容"。

11.1 一般规定

11.1.1条明确合同履行过程中争议应协商解决,协商不成的,可按本章的规定处理。

与"13规范"13.3.1条、13.3.2条相比,内容基本一致。

11.1.2 工程发生相关争议事项时，发承包双方可按合同约定及下列争议解决方式处理：

1. 委托争议评审委员会（或机构）进行评审。
2. 委托具有调解能力的调解人（或机构）进行调解。
3. 仲裁或诉讼。

本条明确了解决争议的三种方式。

与"13规范"13.3.2条相比，增加争议评审委员会（或机构）处理方式。

11.1.3 条明确了选择争议评审委员会（或机构）或调解人（或机构）应由发承包双方共同选定，且调解员不应与发承包双方存在利益冲突。

与"13规范"相比，本条为新增内容。

11.1.4 条进一步明确了争议评审或调解处理决定的效力。

与"13规范"相比，本条为新增内容。

11.1.5 条明确了不能解决双方争议的，最终解决方式和途径为仲裁或诉讼解决。

与"13规范"相比，本条为新增内容。

11.2 争议评审

11.2.1 条明确了争议评审委员会（或机构）的选择和时间。

11.2.2 条明确了选择争议评审委员会（或机构）的人员专业素质水平、范围及人数要求，确保评审结果的公平性和专业性。

11.2.3 条明确了发承包双方或任一方提出争议后按相应程序提供相关资料给争议评审委员会（或机构），同时提供一份给合同的另一方。

11.2.4 条明确了争议评审委员会（或机构）在收到争议事项文件资料后的约定时间内将争议处理意见以书面形式同时提供给发承包双方，包括相关的详细说明和依据。

11.2.5 条明确了对评审意见有异议的处理方式。

评审意见有异议处理分两个阶段：异议提出阶段和评审复核阶段。

1. 异议提出阶段：异议方须在收到评审意见后规定时限内提交书面异议函，需包含不认可的具体理由、相关说明及依据，同步抄送给合同相对方。

2. 评审复核阶段：争议委员会收到异议后须进行意见复查，处理时限为在约定时间内完成复核。

处理结果分为两种：维持原意见需说明理由，修改意见需阐述调整依据。书面形式同步告知双方最终决定。

11.2.6 条明确了对评审意见无异议时，双方书面形式签署确认，体现了争议评审解决意见的约束力。

11.2.7 条明确了对评审意见有异议的，对发承包双方不具有约束力。该意见不能强制约束双方执行，为双方后续进一步解决争议保留空间。

11.2.8 条明确了争议评审委员会（或机构）费用支付方式。

11.2.9 条明确了解决争议过程中发生的额外费用由双方各自承担。

11.3 调解

11.3.1 条明确了选择调解的时间和确定方式。

与"13规范"13.4.1条相比，由"合同签订后"修改为"在合同履行过程中"。

11.3.2 条明确了调解人（或机构）可协议调换或终止的原则。

与"13规范"13.4.2条相比，删除了"发包人或承包人都不能单独采取行动"，本条增加了"或机构"。

11.3.3 条明确了选择调解人（或机构）的人员专业素质水平、范围及人数要求，确保调解结果的公平性和专业性。

与"13规范"相比，本条为新增内容。

11.3.4 条明确了一方提出争议后应按相应程序提供相关资料，并以书面形式提交给调解人（或机构），并书面抄送一份给合同的另一方，委托调解人（或机构）进行调解。

与"13规范"13.4.3条相比，本条增加了需要提交的具体内容。

11.3.5 条明确了需为调解人（或机构）提供便利的工作条件。

与"13规范"13.4.4条相比，删除了"调解人应被视为不是在进行仲裁人的工作"。

11.3.6 条明确了争议评审委员会（或机构）工作流程和要求。应遵循平等、公平、诚信、守约的原则。

与"13 规范"相比，本条为新增内容。

11.3.7 条明确了对调解意见有异议的处理方式。调解决定异议处理分两个阶段：异议提出阶段和评审复核阶段。

1. 异议提出阶段：异议提出方应在收到决定后在规定时限内提交书面异议函，需包含不认可的具体理由，相关的详细说明、依据，以及补充提供的支持性资料，同步抄送给合同相对方。

2. 评审复核阶段：调解人（或机构）收到异议后须进行意见复查，在约定时间内将维持决定或修改决定以书面形式同步告知双方。

与"13 规范"相比，本条为新增内容。

11.3.8 条明确了对调解书无异议时，双方应书面形式签署确认，体现调解书的有效力。

与"13 规范"13.4.5 条相比，删除了"28 天或由调解人建议并经发承包双方认可的其他期限内提出调解书"。

11.3.9 条明确了对调解书有异议的任一方，应在约定的时间内提出异议的事项和理由，未发出表示异议的通知时，可视为已认可了调解书。

与"13 规范"13.4.6 条相比，取消了"28 天内"具体时间，本条增加了"任一方在收到调解书后的约定时间内未发出表示异议的通知时，可视为已认可了调解书"。

11.3.10 条明确了未共同签字确认的调解书没有约束力，调解期间发承包双发对合同应继续执行。

与"13 规范"13.4.6 条相比，由"发承包双方中的任何一方对调解人的调解书有异议"修改为本条"发承包双方未共同签字确认的调解书"。

11.3.11 条明确了调解人（或机构）费用支付方式。

与"13 规范"相比，本条为新增内容。

11.3.12 条明确了解决争议过程中发生的额外费用由双方各自承担。

与"13 规范"相比，本条为新增内容。

11.4　仲裁与诉讼

11.4.1 条明确了争议通过评审或调解仍未能解决的，可按合同约定选择仲裁或诉讼。

与"13 规范"13.5.1 条相比，本条新增"争议事项可向人民法院提起诉讼"。

11.4.2 条明确了在仲裁委员会裁决或人民法院判决前，发承包双方可按仲裁委员会或人民法院的调解程序和方法进行调解。

与"13 规范"相比，本条为新增内容。

11.4.3 条明确了争议解决程序不影响合同正常履行，仅当合同实质性受阻或双方协议终止时才可暂停施工义务。

与"13 规范"相比，本条为新增内容。

11.4.4 条明确了工程实施期间不应因仲裁或诉讼而终止，如另有要求，费用由败诉方或按责任分担。

与"13 规范"13.5.2 条相比，本条新增承担的费用"或按承担的责任分担"。

11.4.5 条明确在规定期限内承包双方一方不守约，另一方可按约定提起仲裁或诉讼。

与"13 规范"13.5.3 条相比，本条更简洁。

11.4.6 条明确了仲裁或诉讼的最终决定，对发承包双方均有法定约束力，应共同遵守。

与"13 规范"相比，本条为新增内容。

对比维度	争议评审	调解	仲裁或诉讼
争议解决的角色	合同约定或合同履行过程共同确定争议评审委员会（机构）的选择形式、人员构成与数量	合同约定或合同履行过程双方共同选择、确定调解人（或机构）	仲裁委员会或人民法院
工作内容	1. 发承包双方中任一方在确定争议评审委员会（或机构）后提交书面争议事项资料； 2. 争议评审委员会（或机构）了解实情，向发承包双方提供书面争议处理意见； 3. 有异议方提出书面不认可理由函件，争议评审委员会（或机构）复查并回复； 4. 发承包双方对争议解决意见没有异议的，书面签署确认并作为和解协议	1. 发承包双方中任一方提交书面争议事项资料，委托调解人（或机构）进行调解； 2. 调解人了解实情，向发承包双方提供书面争议处理意见； 3. 不认可方提出书面不认可理由函件，调解人（或机构）复查并回复； 4. 双方接受调解书，书面签署确认并作为合同补充文件	1. 发承包双方可按仲裁委员会或人民法院的调解程序和方法进行调解； 2. 仲裁委员会仲裁或人民法院诉讼

续表

对比维度	争议评审	调解	仲裁或诉讼
费用承担原则	1. 处理争议事项需支付给争议评审委员会（或机构）的费用，可按合同约定或争议评审规则确定，或由发承包双方协商确定分担比例及费用，或依据争议解决决定由相关争议责任人承担； 2. 由于解决争议引起发承包双方自身发生费用的，应由双方各自承担	1. 处理争议事项需支付给调解人（或机构）费用的，由双方共同合理分担或按照调解书中相关争议承担责任的乙方承担； 2. 由于解决争议引起发承包双方自身发生费用的，应由双方各自承担	当仲裁或诉讼时，按仲裁委员会或人民法院要求停止施工的，承包人应对合同工程采取保护措施，由此增加的费用应由败诉方承担，或按承担的责任分担
结果约束力	1. 经发承包双方书面形式签署确认，作为和解协议对双方均具有约束力； 2. 发承包双方中任一方对处理意见有异议的，处理意见对发承包双方不具有约束力	1. 经发承包双方签署确认并作为合同补充文件的调解书，对双方均具有约束力； 2. 双方未共同签字确认的调解书，对合同双方均不具有约束力	仲裁或诉讼的最终决定，对发承包双方均有法定约束力，应共同遵守

12 工程计价成果与档案管理

与"13规范"相比，第15章、16章合并为本章。"13规范"第15章共2节13条，第16章共1节6条；"24标准"共3节18条，主要变化内容：

1. 工程计价表格合并到工程计价成果与档案管理。
2. 删除"13规范"中16.0.5条关于工程造价鉴定的相关内容。
3. 增加电子成果文件满足数据接口的要求，有利于工程造价数据的积累。

12.1 工程计价表格

12.1.1 条明确了计价表格的格式，统一后更有利于工作的流程和规范，可提高计价标准的准确性。各省级、行业建设主管部门可根据本地区、本行业的实际情况，在此标准基础上补充完善。

与"13规范"16.0.1条相比，"13规范""附录B~附录L"修改为本条的"附录B~附录G"。

12.1.2 条明确了工程计价表格的设置应满足工程计价的需要及方便使用的要求。

与"13规范"16.0.2条相比，内容基本一致。

12.1.3 条明确了招标工程量清单编制使用的表格，对内容、盖章、签字的要求，并且应满足有关工程总价计价管理的规章和政策；及对清单编制进行说明以避免发生争议。

与"13规范"16.0.3条相比，本条第3款2）为新增内容，其余条款内容与"13规范"内容基本一致。

12.1.4 条明确了最高投标限价、投标报价、竣工（过程）结算的编制使用的表格，对内容、盖章、签字的要求，应满足有关工程总价计价管理规章和政策；及对最高投标限价编制进行说明以避免发生争议。

与"13规范"16.0.4条相比，本条第3款2）为新增内容，其余条款内容与"13规范"内容基本一致。

12.1.5 条明确了投标人相应招标文件的要求，附E.2.2-1分部分项工程项目清单综合单价分析表。

"24标准"对招标工程量清单的编制、最高投标限价、投标报价、竣工（过程）结算的编制适用表格、签字、盖章及内容填写做明确说明。

与"13规范"16.0.6条相比，内容一致。

12.2 工程计价资料

12.2.1 条与"13规范"15.1.1条相比，内容基本一致。

12.2.2 条与"13规范"15.1.2条、15.1.3条相比，增加了"并应在约定的期限内"，明确了"口头指令不应作为计价凭证，但有证据证明承包人已按口头指令完成施工的除外"，其他内容基本一致。

12.2.3 条与"13规范"15.1.3条相比，传输方式修改至12.2.2条，本条增加"应提前3天以书面形式通知对方"。

12.2.4 条与"13规范"15.1.4条相比，内容一致。

12.2.5 条与"13规范"15.1.5条相比，内容基本一致。

12.2.6 条与"13规范"15.1.6条相比，内容一致。

12.3 工程计价档案

12.3.1 条与"13规范"15.2.1条相比，内容一致。

12.3.2 条与"13规范"15.2.2条相比，内容一致。

12.3.3 条与"13 规范"15.2.3 条相比,内容基本一致。

12.3.4 条与"13 规范"15.2.4 条相比,增加了"归档的工程计价成果电子文件应满足标准数据接口的相应要求。"

12.3.5 条与"13 规范"15.2.5 条相比,内容一致。

12.3.6 条与"13 规范"15.2.6 条相比,内容基本一致。

12.3.7 条与"13 规范"15.2.7 条相比,内容基本一致。